独立六茶外
安然一盏中

寻找回来的安茶

郑建新 刘平◎著

台海出版社

图书在版编目(CIP)数据

寻找回来的安茶 / 郑建新, 刘平著 .--北京: 台海出版社, 2015.3(2024年2月重印)

ISBN 978-7-5168-0600-5

Ⅰ. ①寻… Ⅱ. ①郑… ②刘… Ⅲ. ①茶叶-文化-祁门县 Ⅳ. ①TS971

中国版本图书馆CIP数据核字(2015)第062491号

寻找回来的安茶

著　　者: 郑建新　刘　平

出 版 人: 蔡　旭　　　　责任编辑: 姚红梅

出版发行: 台海出版社
地　　址: 北京市朝阳区劲松南路1号　　　邮政编码: 100021
电　　话: 010-64041652(发行,邮购)
传　　真: 010-84045799(总编室)
网　　址: www.taimeng.org.cn/thcbs/default.htm
E - mail: thcbs@126.com

经　　销: 全国各地新华书店
印　　刷: 三河市天润建兴印务有限公司
本书如有破损、缺页、装订错误,请与本社联系调换

开　　本: 680毫米×960毫米　　1/16
字　　数: 160千字　　印　　张: 12.5
版　　次: 2015年5月第1版　　印　　次: 2024年2月第2次印刷
书　　号: ISBN 978-7-5168-0600-5

定　　价: 68.00元

目录

序 …… 1

弁言 …… 3

甲·追寻之章

有人寄来一篓茶 …… 2

台湾找到老六安 …… 6

智者加盟追安茶 …… 12

寻访大枭孙义顺 …… 16

乙·探秘之章

茶地隐伏奥秘 …… 28

茶种深藏学问 …… 33

工艺蕴含技巧 …… 35

包装巧用心计 …… 42

储藏充满玄机 …… 49

丙·品鉴之章

柴米油盐酱醋茶 …… 56

琴棋书画诗酒茶 …… 61

通经活络药用茶 …… 69

延年益寿养生茶 …… 76

丁·溯源之章

唐宋有茶万国求 …… 82
明代跟风追六安 …… 86
清走广东成圣茶 …… 91
民国战火断茶烟 …… 94
新时代涅槃重生 …… 102

戊·说事之章

民间珍藏老六安 …… 110
仿制安茶知多少 …… 119
新老两代孙义顺 …… 126
售茶精英支高招 …… 131

己·问韵之章

佛点妙静成安茶 …… 136
票证模板风光少 …… 138
茶票遗韵风流多 …… 143
诗文珍稀赋六安 …… 160

庚·悬疑之章

创制时间在何时 …… 168
茶名多说哪个真 …… 171
茶类纷争谁定夺 …… 177
茶产中断为哪般 …… 181
后记 …… 184

序

本书作者之一郑建新先生与我，因茶结缘，是相识已久的茶友。他年轻时业过茶、插过队、执过教，后又在祁门、休宁、黄山市等地行政部门任职。他喜欢茶，对徽茶的历史有着极为深入的研究，在挖掘徽茶文化的同时，促进了当地茶产业发展。

《寻找回来的安茶》一书，是系统介绍“祁门安茶”的专著。这款寻回不易的安徽茶品：它出自祁门，由来已久又充满神奇，起于明末清初，几经跌宕，起死回生，可谓中国茶事奇观；它属于后发酵的紧压茶品，由初制到精制，工艺特殊，手续繁复，采制始于谷雨，精制环节又以白露为重，品味香醇；它贵在陈化，妙在储藏，体验着四季变化，春发夏化秋聚冬眠，匆匆三年，每段光阴都是不可置换的经历；它外装质朴，内装隽永，包装古朴、经济、透气，特色鲜明，科学之余不乏实用，传承当今，既是商家传统，更是文化继承；它可入药、可清饮、可制成药茶，茶性温凉，药效为世人推崇，被奉为“圣茶”，其清甜爽口之感，又像傲骨文人雅士，无杂气，潇洒脱俗，有如竹子般清新和傲直……

全书从追寻、探秘、品鉴、溯源、说事、问韵、悬疑七大章入手，就历史沿革、种植加工、产销茶号、冲泡技艺、文化内涵等方面对祁门安茶进行了深入详细的解析，书中许多资料及图片非常珍贵，是系统研究安茶的好书，值得大家好好阅读，细细品味。

中国茶叶博物馆馆长、研究员王建荣
2014年12月于杭州积香居

弁言

这是一款奇怪的茶。

论身世，此茶很传奇。产地叫软枝茶、六安茶，南洋销区叫徽青、老六安、矮仔茶、笠仔茶、安徽篮茶、普洱亲戚等。官名则称祁门安茶，始创于明末清初，初在京城畅销，《红楼梦》《金瓶梅》《儒林外史》有载。清康熙海禁开放，转销南洋，势头更旺，被尊为圣茶，风光数百年，其中枭雄品牌孙义顺。后因抗战炮火堙没，销声匿迹半世纪。改革开放起，岭南茶客倾情呼唤，重新复出，成为茶界黑马，夺人眼球。尤其近年，被文人和玩家追为热宠，备受青睐，藏茶成王道。

论工艺，此茶很另类。工序十四道：前四道，有绿茶的揉烘，中间四道，有红茶的筛拣、拼配，后六道，有黑茶的蒸压。茶制好，当年不用，储藏三年以上，逼出越陈越香、越陈越醇、越陈越凉效果，叫陈化生药性，越久越增值。再者包装也玄奥。竹篾和箬叶编茶篓，纯天然，原生态，山野风吹成土豪金。再取星宿中的天罡地支等寓意，以二十八斤、三十六斤，抑或七十二斤捆扎成件，茶中藏数张茶票，之乎者也，图文并茂，俨然艺术范，文呼呼迷人，欲舍不能。

论功效，此茶很神奇。猛喝可解渴养身，久喝可怡情养心，偶喝可作药养颜，长喝可保健养生。此外消食去腻，解毒祛湿，通经活络更有效，以致岭南、港澳台、东南亚等地捧之为“圣茶”，居家必备。

此茶还很神秘，诸如茶名、生辰、身世、茶类等均有谜云，令人雾里看花，其中奥秘欲求解，敬请翻阅此书，兴许使您清醒，兴许还是迷幻……

甲
追寻之章

有人寄来一篓茶

1983年，中国进入改革开放的第五个年头，百业待兴。

这一年农历为癸亥年。大年初一，广州白天鹅宾馆开张营业，这座五星级宾馆是广东省政府和港商霍英东合资建设，属中国第一家对所有人开放的星级宾馆。人们第一次发现，室内地板光滑得可鉴人影，故乡水瀑布居然天天有水。还是这一年，港台电视剧《霍元甲》第一次在大陆亮相，剧情演绎霍元甲练武强身，报国救国，多次击败外国拳师，并成立精武馆，倡导健身强国、振兴中华。此剧播出后，主题曲《万里长城永不倒》很快走红内地，深入人心。

港风吹进内地，港人怀念内地。总之，这一

年香港要和内地亲密接触,茶事也不例外。

就在这一年,安徽省茶叶公司收到一包裹,打开看是一篓茶,且是一篓奇怪的茶:外围发黄椭圆篾篓,内衬箬叶。拨开箬叶,是一团乌褐板结茶块,重约斤重。公司几位玩茶老手,一时面面相觑,望茶发愣,根本不知此茶何名。幸喜随茶而来,还有一信,拆开信件,大意如下:此茶叫安茶,是半世纪前的茶品,产自安徽祁门,历来在广东和港澳台,以及东南亚一带畅销。现因几十年不见,广东、港澳台和东南亚等地老茶人十分想念,特来信致意,寄望复产。为方便复产起见,特附上老茶一篓,以作样茶,恳求尽快生产,云云。再看信件落款:华侨茶业发展基金会关奋发。

安茶是什么茶?

问专家,专家无解;翻茶书,茶书无载;查古籍,古籍不见;找工具书、教科书,竟也踪影全无。难道是天外来茶?

公司改换路径,查询华侨茶业发展基金会是何单位?关奋发又是何人?

答案很快找到。华侨茶业发展基金会乃群众经济团体,位于北京东安门大街,于1981年9月8日在国务院侨办和国家原对外贸易部的支持下,在北京人民大会堂宣告成立。其聘请国内外茶叶界知名人士和专家组成理事会,是我国茶界唯一的全国性基金会,也是我国成立最早的基金会。

创立该会的倡议人,并为之出资300万元港币者,是香港

老安茶

一位爱国人士，名叫关奋发，正是寄茶之人。

关奋发，一个数代业茶的大实业家，其家族业茶理念：爱国爱到死，爱茶爱到死，有此决心再做茶。到奋发之辈，有稽可查的至少是第三代茶人。其13岁开始在武夷山业茶，周游海外，将国茶送往世界各地。后因战争爆发受阻于外，中国茶出不去，由此改行做房地产业。虽说改行，然业绩辉煌，经多年打拼，旗下现有200多个企业，涉及航空、水电等多个领域。然故乡茶情一直萦绕先生心怀，二十世纪八十年代初，我国刚刚改革开放，先生回到国内，看到国内茶界水平很低，痛心不已，当即决定出资创立基金会，目的在于奖励国内对茶业有贡献之士，培养对茶业有热心的莘莘学子，支持茶界开展文化活动，并致力恢复传统历史名茶。

安茶就是奋发先生代表海外茶客寄出的心声，随茶所寄不但附有信件，且茶篓藏有茶票，披露珍贵信息：

具报单人安徽孙义顺安茶号，向在六安采办雨前上上细嫩真春芽蕊，加工拣选，不惜资本，加工精制，向运佛山镇北胜街经广丰行发售，历有一百八十余年，并无分起别行，及外埠代售。近有无耻之徒,假冒本号字样甚多,贪图影射,以假混真,而茶较我号气味大不相同。凡士商赐顾,务辨真伪,本号茶篓内票三张:底票、腰票、面票,上有龙团佳味字印,方是真孙义顺六安茶,庶不致误。又旁注:本号并无分支,及加新庄,并正义顺等字,假冒我号招牌,男盗女娼。新安孙义顺谨启。

茶界老手似乎明白，这是一款老安茶，约为民国中期茶品。然再深究一步,何谓安茶?怎样生产?眼下怎么不见?诸如此类问题,仍如迷雾缠绕心头,始终无解。

有哲人说,人生最高境界,是人走了,江湖还有传说。以此套用安茶,同样适用。关先生所寄之茶,历史曾有,今却不存,然茶客依旧怀念,寄茶安徽,恳望复生,就是实证。表现出祁门安茶之魅力,非同小可,岂可慢待。

解铃还须系铃人。既然信件说,此茶产自皖南祁门县,那就是说祁门人一定知道此茶更多情况。再说祁门乃世界三大高香茶祁红的产地,茶史悠久,茶事丰厚,茶人很多,兴许见到此茶,不费吹灰之力,困难便迎刃而解,一切问题均不是问题。于是,安徽茶叶公司按照计划经济体制的套路,给徽州地区茶叶公司下达任务,由其转告港商要求,通知祁门茶叶公司设法恢复生产安茶。

祁门安茶在中断半个世纪后,开始掀开新的一页。

台湾找到老六安

历史常有惊人巧合。就在关奋发先生寄茶安徽的第二年，即1984年，改革春风吹入茶坛。这一年，国务院下达第75号文件，宣布除边销茶外，内销茶和出口茶一律实行议购议销，茶叶市场彻底放开。换个角度说，即向来由官方统控，实施了二千余年的茶叶专卖制度宣告终结，中国茶业从此迎来百花齐放新时代。

生产关系改变，必定带来生产力释放。茶市放开，茶业兴旺，很快，中国第一波茶浪兴起，这就是名优绿茶热，群芳竞秀。据有关部门统计，1992年全国各种名优茶产量达3.1万吨，占全国毛茶总产5.6%，花色品种近600个，市场姹紫嫣红。这是被计划经济禁锢多年后，茶市井喷而出的消费激情。紧接第二波茶浪到来，这就是二十世纪末的乌龙茶热，被解开紧箍咒的福建安溪茶商，走遍大江南北、境内境外，所携铁观音席卷千家万户。这是市场对茶商能力的认可，也是茶人理性选择的开始。随后接踵而至是第三波茶浪，这就是二十一世纪初疯狂的普洱茶风，以云南六大茶山为代表的普洱饼，横空出世，气势逼人，可以喝的古董，风靡一时，抢购加收藏，玩家趋之若鹜，其狂飙趋势一走多年。随后而起是红茶热，红色风暴汹涌袭来，传统名品祁门红茶、正山小种、云南滇红、广东英红等，发挥历史文化优势，不辱使命，再展雄风；新问世金骏眉、信阳红、金毛猴、遵义红、井冈红、襄阳红、龙井红等，闪亮登场，全国山河一片红。此为茶坛浪潮第四波。在这以后，经过多年淬炼的茶客，开始逐渐回归理性，尤其近年中央八项规定出台，高价茶遇冷，平价茶走热，茶坛第五波浪潮显现，其明显表象是源头茶、小众茶开始崛起，且越来越热。一方面普洱古树、祁红小产区等新概念植入人心，追捧者日众；一方面向来产量不高的福鼎白茶、安化黑茶日趋受宠，身价

台湾《茶艺》杂志

倍增。这是茶市文化层次的提升，茶业国学意识觉醒。

就在第五波茶浪潮初露端倪时，一批思想敏锐的高端茶人，见事快，行动早，于小众茶阵列中，又将目光投向了鲜为人知且不见经传的祁门安茶。台湾就有这样的生动例证。

2007年10月30日下午，台北县三重市力行路茶会举办一次别开生面的活动：品六安老茶。观者如云，其中主角有两人，一为台湾紫藤茶庐主事周渝先生，一为台湾《茶艺·普洱壶艺》主编罗英银女士，以及许多媒体记者和痴爱安茶的茶友。

活动主题鲜明：品饮二十世纪四十年代的“三票孙义顺”六安茶。目的开宗明义：留在后世的优质六安篮茶并不多，有人认为这其中的旧六安，其茶气与滋味绝不会输于当今一些古董茶。现请来台湾资深茶人见证，当场剪开茶包，以轻松方式品饮，提供茶友在简语短句的互动对话中，发表各自对旧六安茶的了解和认识。

台湾安茶品饮活动

一件外皮泛黄的蒲包，被搬上桌台，封皮黑字：徽青，落款：中国茶叶出口公司。云集在此的媒体记者，端起相机，拿起笔杆，以万般的注意，凝神聚气，紧紧盯住这神圣的一刻。

周主事拿起剪刀，当众剪开

麻绳，呈现于众的是6条被竹篾绑紧的安茶，每条为3组，每组两小篓对置，即6篓扎成一条，一大茶件共有36小篓。

周主事取出其中一篓，掀去篾盖，拨开箬叶，现出黑褐润亮的茶叶，其中隐约可见纸质文件。取出文件，分别是孙义顺底票，以及农商部注册证明书、南海县衙公告。

周主事小心翼翼取茶开泡，品饮掀开盖头，媒体采访也同时开始。

罗主编：六安笠仔茶与云南七子饼都是属于紧压黑茶类，但因产地和工序的不同，若经过同时间的存放，口感有什么不同？

周主事：与七子饼相比，品饮有不同，不过要看老度。前面有些杂味，到第四、第五泡，杂味没有了，到第八、第九泡，茶汤越喝越细。我有一客人，没有喝过六安茶，喝了老六安后，马上

台湾《茶艺》内页

就联想到昆曲柔雅的身段,感觉优美文雅。

罗主编:有人说,买六安茶是因为它可以当药用?

周主事:普洱是大气,但老六安的茶气很深沉,温暖脏腑,所以常当药用。还有个讲法,六安茶比较凉一些,从前香港的上流社会习惯抽雪茄配六安茶,因雪茄上火,品老六安可以去火。

罗主编:请问周先生,你认为老六安的意境是什么样的感觉?

周主事:文雅、细致、润,特殊的香,类似参香,喝下去精神有往上提升,悠悠的感觉。

罗主编:目前已回冲差不多20泡了,真的很耐泡。这(包装)竹叶子带一种黄的感觉,蛮脆的,在我看来这种叶子很老?

周主事:是很老的,但若只用颜色的深浅,来判断年代不是很正确的方法。最后一泡了,我们来试试茶汤。

周主事、罗主编异口同声:药味出来了……

紧接着11月1日晚上,还是这拨人,又进行了第二次试泡和采访。这次使用的茶,仍是两天前拆封未用完的老六安。

经过两天的醒茶,周主事感觉茶味更清了,一点杂味都没有。并说广东以前世家望族都喝六安茶,而不喝普洱,二十世纪三十年代的广东电影中可看到开封六安茶的影像,感觉普洱粗气,六安茶幽雅细致。尤其阴湿天气喝六安茶最好。

事后,关于这次不同寻常的活动,台湾《茶艺·普洱壶艺》以“陈年徽青·六安篮茶”为题刊出特集,指出:陈年六安茶,温驯养胃，有舒怀定神之效，故受香港老一辈人喜爱，而茶品可作为药引，是岭南及东南亚各侨居地居民的重要需求。其中解开谜样六安茶的文章有：何景成“陈香甘醇的安徽六安篮茶”、杨凯“安茶猜想·发现安茶”、陈淦邦“陈年六安——孙义顺品茶记”和“专访新星茶庄负责人杨建恒·陈年笠仔六安茶辨识综论”，以及诸如“解放六安”“郑霭记”“康秧春”“八中飞六安篮茶”“一批孙义顺”“二批孙义顺”“三批孙义顺” 等彩色图片近200张，洋洋洒洒约60个版面。

台湾·《茶艺》

更有甚者，特集尾端专门刊出启示：为让更多读者分享这道老茶优质的气韵，我们在出刊前紧急协商，决定不吝成本，谨订于12月6日下午两点，再来当场打开另外一篓更老的六安茶，欢迎读者参与品茗盛会，名额有限，额满为止。

一股寻访安茶之风在台湾茶界盘旋游弋。如果说，关奋发先生的寻根之寄，是对源的寻找，属憧憬未来的期冀；那么20余年后台湾的这次怀念之饮，即是对流的访问，属鉴赏过去的品味。

智者加盟追安茶

中国有句古话，叫“三十年河东，三十年河西”，意思是经过30年的光阴，世间变化有天地之别。安茶就是这样，从1983年关奋发先生寄茶安徽，到2013年恰好30年。此时安茶不但早已复生，小有名气，且已孕育出成片发烧友，蜂拥而入，并开始朝“火”的方向发展。于是，安茶投资者也来了。

严格说，有意向投资安茶者早就大有人在，然真刀真枪有动作的第一人是投资文化产业的一位收藏家。

荣誉证书

安徽省黄山市祁门县孙义顺安茶厂：

由贵公司选送的"孙义顺牌"安茶在"领航迪泰"杯2014北京国际茶业展名优茶评比活动中被评为银奖。

特发此证，以资鼓励

孙义顺安茶获奖

这位收藏家堪称文化人，曾涉足收藏界、书画界，颇有影响。茶与文化是相通的，这位收藏家2010年奔徽文化和黄山茶而来，在新安江畔湖边村建立汉风徽韵会所，落定脚跟后，先在歙县投资蜈蚣岭白茶。2013年再走黄山市西询问祁红，无意间在祁门发现一竹篓盛装的孙义顺安茶，新奇的竹箬草根包装令他怦然心动，当即决定要与这安茶生产者见一面。殊不知，初次相见竟成永恒动力，在祁门芦溪孙义顺茶厂品鉴安茶滋味、了解安茶文化后，老总慧眼识珠，毅然下决心留下，当即表态，投资安茶。孙义顺安茶非遗传承人汪镇响被其诚意打动，几经考虑，答应合作。于是双方签下协议，不日，老总第一笔茶款到账，几天后便携茶外出，开始正式进入安茶人角色。次年5月，先在北京举办了孙义顺安茶专场品鉴会，紧接拿下2014北京国际茶展银奖，随则委托安徽省书画代表团将安茶作礼品

《安茶事纪》拍摄现场

北京彼岸书店品鉴会

带到台湾赠送，在屯溪黎阳水街筹建孙义顺安茶形象店，以及谋划组建芦溪茶农合作社、建设安茶藏储茶库等，同时广交爱茶朋友，以QQ、微信等形式大肆宣传安茶。入秋又创意策划《安茶事纪》电视专题片，邀请中国国际广播电台电视制作中心《茶无界》摄制组来到芦溪，进行现场拍摄。10月再次入京，在一叫彼岸书店的地方，举办安茶品鉴会，京都名流济济一堂。随后11月又跻身南京，12月走马合肥、上海，分别举办品鉴会，将孙义顺安茶推到激昂状态。一连串动作，其自己马不停蹄，令他人目不暇接，不到一年工夫，便掀起一股孙义顺旋风，将整

孙义顺安茶公司的三个等级安茶票

个茶界搞得愣愣的，以为孙义顺安茶打了鸡血，突兀疯狂。

有关孙义顺安茶未来的投资者，兴许还有第二、第三、第四，然因暂未发生，我们不作猜想。但有一点可以肯定，即孙义顺安茶潜力无比，空间无限，前景无穷。演绎那句老话，是金子总会发亮，是好茶一定喷香，耐心期待就是，安茶未来不可估量。

阊江流到芦溪的水面

寻访大枭孙义顺

细心读者兴许发现，上述几文均提及一个商号，这就是孙义顺。

确切说，孙义顺是一家经营安茶的老字号。更确切说，是曾经红极一时的大枭级茶商，属大名头巨鳄。然因年代久远，其大红大紫面

芦溪乡路口

貌已难以再觅。然此号毕竟在世间潇洒走过一回，人过留迹，鸟过留声，商过留业，孙义顺多少应有遗迹留痕，即使支离破碎，抑或断壁残垣，也该有实地旧址，口碑纸证。鉴此必须要认真寻访。

甲午初秋，笔者与相关学者去到祁门芦溪，开始寻访之旅。我们先与芦溪乡领导和茶人座谈，零距离采访现在孙义顺安茶非遗传承人汪镇响等，就安茶沿革历史和现状，尤其是对孙义顺前世今生作深入了解，随后驱车云雾，延绵起伏的山岭，胀满视野的茶地，处处皆景；背依苍翠如黛青山，古木见生人的好奇，那是长久商业气韵历练的结果。我们穿街走巷，听石板路响起鞋韵，看身边慵懒小狗，感觉古村褪去繁华后宁静，似有大隐隐于市的境界。因为这里不但有非遗文化遗产傩舞闻名遐迩，更有安茶是宝，名传天下。

村庄新房老屋杂陈，其中不少老屋窗檐带尖端，与徽州传

芦溪老村

统建筑风格略有不同，明显有哥特式味道，似乎受南洋建筑文化影响。古村近百户人家，紧挨聚居，基本为汪姓。我们寻着一处老宅，说是从前一对兄弟所建，庭院厢房正屋皆一模一样，左右对称而立，故叫鸳鸯房，如今已被黄山市列入百村千幢保护范围。见到老宅主人，鹤发童颜，叫汪荆山，果是安茶后代。然荆山先生告诉我们，其祖上所开茶号不叫孙义顺，而是孙同顺，说是属孙义顺红火后起的牌号，生意一直做到民国，甚至到“文革”时，家中还有当年的茶票，分红黄白三种，可惜后来烧了。孙同顺、孙义顺，一字之差，折射出孙义顺影响之大，诱惑着我们寻觅孙义顺老号的欲望更为迫切。

芦溪村口

倒湖老街一瞥

我们再驱车两里许，终

孙同顺老宅

孙义顺茶号遗址

于在店铺滩，如愿以偿找到了孙义顺老号遗址。遗憾的是，所见已是一片民房,约有七八家,瓦舍栉比，门墙掩映，宁静立于秋风中，诉说着神秘而沧桑的故事。唯共同享用的一片青石板地面,沉睡百年,兀自坚守昔日风格,印辙斑驳,遗韵幽深，显出老号的厚重宏阔。幸好老号墙基依旧，大块条石砌就，高约及腰,规整端庄,一路码去,围就范围足有一亩多地,可见当年规模,非同小可。

老号遗址位于十字路口,横贯是公路,通往祁红乡;竖穿为古道,饱含风霜,一端掩没在林中,时隐时现,一端连接公路下河边的老码头,过河可直通江西省浮梁县。这使我们猛地触动记忆,1969年11月,其时正当“文革”时期,我因学校停课闹革命失学在家,适逢祁红公路测量,招收粗通文字民工,为之拉皮尺做记录。笔者有幸入招,扛着米塔尺奔波两月,最后一站来到此地,30余人的队伍就食宿在这路边老屋,难道是孙义顺老号?我们问陪同的老乡长:老号是不是两个大天井?楼高是不是三层?没有公路以前,路口是不是拐弯坡道?老乡长连声说“正是正是”,同时告知说,拐弯坡道就是孙义顺前身怡大店的旧址,当年与孙义顺老号同为一片。我们的回忆立刻清晰无比,自己当年居住的老屋,高大轩敞,尤其第三层是半截围栏,宽阔空荡,凭栏可远眺山水,风景十分优美。笔者曾多次攀爬嬉戏,尽情领略过栏外那炊烟接天落日入峦的河谷景致,以及河对面苍翠欲滴的茶园风情,也曾渡船过河,去到浮梁县兴田乡看异地风光。老乡长说那三楼就是孙义顺老号码放安茶的地方,即现在人说的仓库。那渡口正是孙义顺茶人出行的码头。我们好感动,一样的深山景色,一样的生态古村,一样的纯朴民风,几十年过去,依旧那么亲切朴实,自然美好。我们深为

孙义顺故址已被民居所替

芦溪老码头遗址

自己曾享受过孙义顺老号的服务而庆幸自豪，如今能为之留点记忆文字，更是荣幸和责任。老乡长接着说，孙义顺老号在二十世纪五十年代做过人民公社食堂、茶叶初制厂，后又做过茶叶收购站和学校，遗憾的是1986年被拆除，旧房料拿去建中学了。

孙义顺老号不再，但积淀应该丰厚。回程后，我当即恶补功课，翻找搜寻，查勘求证，通过发黄的票证和文献等，雾里看花，基本了解孙义顺所经历之路。那是幽深的历史轨迹，绝对颠覆今人的想象，其辉煌业绩，大约可从三个方面来说明。

借一条大河通江达海。孙义顺起源于祁门芦溪。芦溪处阊江南段大洪水东岸，自唐代起就为徽州西出水路的必经之地，直达江西鄱阳湖以及更远。大洪水在芦溪形成宽阔水面，宛若古溪，地名凤凰池，古时可停帆船竹筏数百。得地利之便，古时芦溪街商铺林立，称三十六行、七十二样，尤其阳春三月，茶商麇集，人气更旺。有人做过统计，至民国初芦溪各种商铺仍有30余种，计100多家，以致有民谚云：没有卖不掉的芦溪，没有买不来的芦溪。繁荣景象，可见一斑。店铺滩为芦溪街北繁华码头，又名中埠，《祁门县地名录》载：因村邻河滩，店铺较多而名。这里多为汪氏聚居，商家多汪姓，孙义顺为其中之一，生意日趋红火，买卖做到广东、港澳台，以及东南亚，发酵迅猛，名声大旺，数年间便成为芦溪老大，人生赢家，立为灯塔，引领安茶一路风光前行。从这个角度说，孙义顺有幸，借阊江走到世界，成为安茶大贾；阊江也有幸，借孙义顺名扬四海，远走中外。

靠一块招牌穿朝越代。现存孙义顺牌号的遗物文玩颇多，如香港新星茶庄老板杨建恒，其收藏老安茶中就有五票孙义顺、三票孙义顺等多种。其五票所指，即面票、腰票、底票三张，以及农商部注册执照和南海县衙公告两种，其中注册执照有方形官印盖于文字之上，清晰在目：

农商部注册执照

农业工商部公司注册局为给发执照事，光绪二十九年十二月初五日，本部具奏商律公司一门一褶，同日奉旨依意，钦此。又光绪三十年正月初二日，本部具奏公司注册章程一褶，同日奉旨依意，钦此。先后□遵刊□颁行在案，查律载，现已设立□□，后设立之公司履行号铺店等，均可向本部注册，以享一体保护之利益等语。兹据广东省广州府南海县佛山镇地方孙义顺合资有限公司呈请注册，前来□□奏定公司注册章程，所到各款均属相符，应即准其注册，为此特给执照，□□□□□□□。右给□□□□□□□公司收执，宣统二年(1910)□月初八日。

而南海县衙公告落款时间更在此前，为光绪二十四年(1898),属较早文件。二者虽相距十多年,然均为官方文件,可证其牌号影响非同小可。

另目前文玩市场流传的孙义顺茶票也有多种，如一种底票云:具报单人安徽孙义顺安茶号,向在六安采办雨前上上细嫩真春芽蕊,加工拣选,不惜资本,向运佛山镇广丰行发售,历有一百五十余年;另一种云:具报单人安徽孙义顺安茶号,向在六安采办雨前上上细嫩真春芽蕊,加工拣选,不惜资本,加工精制，向运佛山镇北胜街经广丰行发售，历有一百八十余年。两票相距30年,至少说明孙义顺茶号在此30年间一直兴旺发达。倘若再缘公告的光绪二十四年(1898)上溯150年,抑或180年,其时应为清初康乾盛世期间,推测此时孙义顺的生意,肯定是顺风顺水，否则就不会再有后来各种茶票频频面世。从另外角度说,似乎也可验证安茶历史应该比这更早,否则就不会有此如日中天、繁花似锦的盛况。

假如再以当今芦溪孙义顺茶厂包装所云“始创于1725年(清雍正三年)”推算,即孙义顺牌号至少经历了清雍正、乾隆、嘉庆、道光、咸丰、同治、光绪、宣统等朝代,以及民国、新中国时期,时间跨度几近300年,何其之长也。

用一片茶叶搅动公堂。中国有句俗话,叫店大欺客,客大欺店。对于卖茶卖到广东的孙义顺而言,广东是店,孙义顺是客。客若欺店,该以何为标准?南海县(今佛山市南海区)衙门为孙义顺专发公告就是一证：

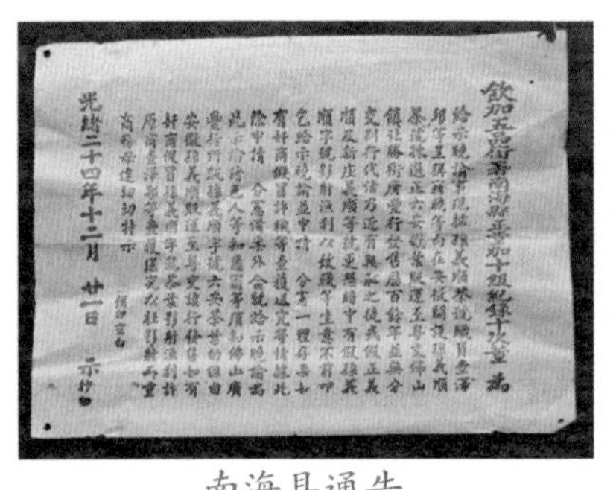
光緒二十四年十二月 廿一日 示

南海县通告

钦加五品衔署南海正堂，加十级纪录十次董，为给示晓谕事，现据孙义顺茶号职员查泽邦等呈，称窃职等向在安徽开设孙义顺茶号，拣选正六安嫩叶，贩运至粤，交佛山镇北胜街广丰行发售，历百余年，并无分交别行代沽。乃近有无耻之徒，或假正义顺，及新庄义顺等号，更恐暗中有假孙义顺字号，影射渔利，以致职等生意不前，叩乞给示。晓谕并申请分宪一体存票，如有奸商假冒，许职等查获送究等情。据此除申请分宪备案外，合就给示晓谕，为此示谕诸色人等知悉，尔等须知佛山广丰行所贩孙义顺字号六安茶叶的，系由安徽孙义顺贩运至粤，交该行发售，如有奸商假冒孙义顺字号茶叶，影射渔利，许原商查泽邦等查获送究，以杜影射而重商务，毋违切切，特示。光绪二十四年十二月二十一日示。

小小一片茶叶，竟然搅动公堂，乃至专门为其颁布公告，晓谕天下，似乎需攀天之功，孙义顺真有此功？存在决定意识，我们分析，孙义顺买卖做到这份上，至少说明两个问题。一是南海县贯彻落实其时大清政府颁发的关于对独创性产品给予保护的谕旨,不折不扣,以民为本,全心全意为之服务。孙义顺茶品具独创属性,理应保护;一是此时孙义顺已跻身为南海县地方龙头企业,对该县经济发展起举足轻重作用,实力非同小可,地方政府理应将其当作国宝级熊猫对待,加大力度对其进行保驾护航,竭尽全力为其服务。县衙公告即是扶持行为之一种。

“借得古溪三月景,分来南海一枝春”。此为古时芦溪街的一幅对联,其内容似写安茶,歌颂安茶在南海有地位。追问其中因果,毋庸置疑,孙义顺当为首席功勋。故此,冠孙义顺以业茶大枭之名,当不算过分。

芦溪洲茶地

乙
探秘之章

茶地隐伏奥秘

安茶故乡祁门，地处黄山西麓，地理坐标：北纬29°35’—30°08’，东经117°12’—117°57’，属神奇北纬30°线。这里山拥千嶂水绕田，群峰参天丘屏列，岭谷交错，波流回环，到处清荣峻

河湾茶地

茂，水秀山灵，九山半水半分田的土地结构，犹如优美画图，天造神境，为国家级生态示范区，2014年夏又荣膺“全国百佳深呼吸小城”桂冠。

祁门为中国红茶之乡，安茶生长环境与祁红相比，既相同又不相同。

相同者，地形、气候、植被、土壤均一流，是为茶树天堂。地形以小块丘陵为主，中山、低山、丘陵、山间盆地和河谷平畈相互交织，呈网状分布，构成巨形枫叶状。最高牯牛降，海拔1728米，最低倒湖，海拔79米，相对高差1649米。地势自北向南倾斜，西北部黄山西脉绵延，山峦起伏，构成天然屏障，有效阻挡冬季寒风，属典型亚热带季风气候，日照偏少，雨量充沛，无明显酷暑严寒，四季分明。春季冷暖变化大，光照不足阴雨多；夏季温高湿度大，降雨集中易成灾；秋季常有夹秋旱，白天温高早晚凉；冬季寒冷湿度小，多晴少雨易干旱。尤其春夏季节云雾缭绕，云以山为体，山以云为衣，气温垂直变化明显，形成许多小气候地域。年均日照190天，年均雾日89天，年均无霜期235天，年均气温27.3℃，年降水量在1600毫米以上，尤以茶季4~6月为多，晴时早晚遍地雾，阴雨成天满山云，有利于茶叶内含物质形成。植被因山多林密，郁郁葱葱，苍翠欲滴，森林覆盖率达80%以上，为茶园提供丰富养分。土壤主要由千枚岩、紫色叶岩等风化为七大类，即红壤、黄壤、黄棕壤、石灰岩土、紫色土等，其中适茶的红壤、黄壤、黄棕壤、石灰岩占86.7%。

土层肥厚，结构良好，透气性、透水性和保水性均佳，水分充足，酸碱适中，PH值为5~6，含有较丰富的氧化铝与铁质，钾含量高于其他茶区。

不同者，安茶茶园多分布于河流两岸流域，海拔通常在800米以下，尤以河洲地为最佳。不但土地肥沃，且河雾蒸腾，茶地植被茂盛，且常年承接丰富水雾，为得天独厚天然条件，人称茶园仙境。祁门水系有阊江、文闪河、新安河、秋浦河4条，长度213.9公里，流域面积1914.6平方公里，占全县总面积82.1%。其中阊江为主要河流，发源于县北大洪岭，南流至江西景德镇，脱掉“门”字名昌江。景德镇原名昌南镇，因盛产瓷器而闻名，中国英语单词China，就是缘昌南谐音而来。阊江经

洲茶

此再入鄱阳湖，全长253公里，为祁门母亲河。该河在县境内主要分大洪水和大北水两条主河，大洪水至南乡水面宽阔，先后再纳严潭河、查湾河、奇岭河、罗村河诸水，在倒湖汇大北水形成阊江，后入江西境，流长79.8公里，流域面积1059.4平方公里；大北水经历口后，再纳叶村河、伊坑河、文溪河等，至倒湖会大洪水入阊江，流长71.4公里，流域面积523.9平方公里。文闪河、新安河也属阊江水系。河流沿途群山环抱，山环水绕，水随山转，湍急水流带来大量泥土，冲击出成片的河流平地，形成积扇地貌和近河岸的中低山区，周围竹木葱茏，常年雾霭萦绕，山上树木和洲地间作

大洪水大北水交汇处

祁门安茶产区地图

的乌柏树为茶树遮阴，日光照射迟缓，同时枯枝落叶丰厚，土地尤其肥沃。土壤肥力充足，茶树吸收最好养料，高大健壮，芽叶肥硕，形成质量上乘的“洲茶”。

沃土化育灵草香，大洪水、大北水中下游村庄中有溶口、严潭、景石、查湾、店铺滩、芦溪、历口、渚口等，均为安茶传统产地。尤其在芦溪乡倒湖一带，大洪水、大北水于此相汇，民间称公河、母河碰面，水面宽阔，碧波荡漾。然每至春夏，雨水集中，其中一河涨水，另一河水位必定倒灌，故名倒湖。若两河同时涨水，民间即称是公河母河发情交配，河水猛涨，因泄洪不及而倒灌，由此导致周边大量茶地短暂受淹。易涨易落山溪水，洲茶面积缘此扩大，绵延几十里不绝，受大地道德哺育，茶质特别优良。据民国二十二年(1933)《祁门之茶业》载，全县有安茶号47家，其中大洪水流域34家，大北水流域13家。

2013年，国家质检总局批准安茶为地理标志保护产品，保护范围为祁门县15个乡镇：芦溪乡、溶口乡、平里镇、祁红乡、塔坊乡、大坦乡、祁山镇、金字牌镇、小路口镇、渚口乡、历口镇、古溪乡、闪里镇、新安乡、箬坑乡，6镇9乡茶园密布，水网密布，基本涵盖大洪水、大北水流域，总面积1830.83平方公里。

茶种深藏学问

高山出好茶，好茶靠好种。祁门为著名茶乡，名茶辈出，名种必多。经多年培育，该县茶树品种现以群体为主，共有8个类型：楮叶种、柳叶种、栗漆种、紫芽种、迟芽种、大柳叶种、大叶种和早芽种。其中楮叶种比率占81.1%。具体到安茶种，经多年实践，以楮叶群体种和安徽1号、安徽3号、杨树林783、凫早2号等无性系良种为最好。

楮叶种为国家级良种，属祁门独有品种，历史悠久，故称祁门种。其属有性繁殖系，灌木型，树姿半开展，尤其适宜祁门春夏季相对湿度都在80%左右的气候环境，茶多酚含量19.81%，水浸出物43.66%。该品种适应性强，产量稳定，制茶品质优良，主要分布于塔坊、平里、溶口、芦溪、历口等地，是安茶看家品种。并为国内14个省区引种栽培，印度、日本、越南、巴基斯坦等国亦有引种。2013年冬，央视热播《茶·一片树叶的故事》讲述格鲁吉亚茶事，其中就有引进槠叶种的内容。

安徽1号、安徽3号优良品种，系安徽省农科院茶叶研究所自1955年起，从槠叶种、紫芽种、大叶种等群体中，经多年努力，培育出的优良品种，现已开始大面积推广应用，适宜安茶。

杨树林783、凫早2号属省级优良茶树品种，已经全国茶树品种审定委员会审定通过为国家级良种，现已繁育推广，为安茶所用。

槠叶种茶树

工艺蕴含技巧

安茶生叶原料

安茶选料精细,加工独特。整个采制过程,金木水火土元素均有涉及,故谓采天地之灵气,吸五行之精华。

采摘鲜叶:一般要求芽叶为主,采一芽二叶、一芽三叶或对夹叶,其中芽蕊最好,不采鱼叶、老叶、病虫叶、茶果、茶梗等夹杂物。鲜叶要求有一定成熟度，过嫩过老均不好，通常在谷雨前一周开摘，至立夏为最佳，低档茶可适当延长季节。然香港人通常要求立夏后茶叶不得超过20%。

鲜叶采回按嫩度和品质，分为一、二、三级。一级以一芽一叶、二叶初展为主；二级以一芽二叶、三叶初展为主；三级以一芽三叶、四叶和对夹叶为主。

鲜叶贮存要干燥、通风、荫蔽，分级摊放，3小时许翻动一次，雨水叶和非雨水叶分开。

安茶介与红茶、绿茶之间，为后发酵紧压茶，加工分初制、精制两大工段，工艺繁琐，手续复杂，时间较长，前后半年以上。

采茶去

初制有摊青、杀青、揉捻、干燥4道工序。摊青也叫晒青，鲜叶摊于竹垫上，厚约3～5公分，每隔半小时翻动一次，一般2小时左右后，鲜叶枝叶柔软，叶色乌绿，光泽消失即可。此法类似红茶萎凋。杀青温度在铁锅进行，每锅投叶10斤许，高温翻炒，温度先高后低，温度在120～60度之间，制法与炒青相同。揉捻：一般有手工和机揉两种。手工揉捻用布袋装满青叶，用力搓揉20分钟左右，倒出茶叶，解散团块，装袋复揉，至基本成条；机揉以中小型揉捻机，加叶量较大，揉捻约40分钟，成条率达80%以上，下机解块，再复揉20分钟左右。揉后稍作发酵，晴天直接将揉捻后的茶叶置于阳光下晒坯，七成干即可；雨天将茶叶摊于竹箩，厚度15~20公分，半小时即可。干燥有手工和机制两种。手工根据干燥锅或烘篮大小，加入适量揉捻叶，反复翻炒(烘)至八成干，起锅(笼)摊凉，然后复炒(烘)至足干。烘笼为竹制，下置铁锅装炭火；机制用小型滚桶式炒干或烘干机烘干，每次投叶约20公斤，温度先高后低。足干茶泛黑有光泽，是

木制揉捻机

成条上烘

烘架

毛茶拣剔

为毛茶。毛茶的汤色、滋味及叶底接近青茶。

旧时初制，既有茶号收购生叶自行加工，也有根据路程远近，收购农家湿坯和干毛茶。现在初制,即为厂家收购农家生叶和干毛茶二种。

精制有筛分、风选、拣剔、拼配、高火、夜露、蒸软、装篓、架烘、打围等10道工序，属蒸压成型的过程。筛分:毛茶如回软,先须复烘，再以茶筛分出9个号头等级。旧时筛分以江西河口茶师最拿手,现以本土茶师为主。风选:目的是除去黄叶、茶朴。拣剔:旧时用手工剔除茶梗等杂物,现多以拣梗机代替。拼配:以晒垫在室内,按各号头茶分层堆放,按级别均堆,茶末单独存放包装。夜露:白露前后,选晴天夜晚,将茶叶以竹簟摊于室外,厚约10公分,每隔20公分开一沟,次晨收起。蒸软:旧法将茶叶放入木甑中,木甑置水锅炉灶中,现用蒸气锅炉,蒸茶至软。装篓:茶叶趁热装入内衬箬叶的竹篓,压紧压实。干燥也叫架烘:篓装茶扎成条,置于烘房木架,覆盖棉被,下置炭火烘干。打围:以内衬箬叶的篾包扎成大件,置于通风、避光、荫凉、干燥茶库,等待外售,或自然陈化。

精制中高火、夜露、蒸软最为神秘。高火也叫打足火,一般以烘笼进行,投料3公斤许,温度为100～110度,时间数小时,翻动4次。此工序极具技术,火小干度不够,火大至茶焦味,均影响后面的夜露和蒸软。夜露和蒸软两道工序也难把

电子拣剔机

拣剔后分开号头茶

蒸茶

等待夜露

控，前者需把握气候，适当露水最为重要；后者需掌控锅温，时间长短最为重要。这些至关紧要的环节，非七八年工龄茶师不能把控。

成品安茶感官特色：外形紧结匀齐，身骨重实；色泽黑褐尚润；干茶带花香，香气高长；滋味醇爽，带槟榔香；汤色橙黄明亮，剔透莹润；叶底黄褐明亮，带红斑，叶脉浅红色，韧性好。2013年3月起，安茶实施安徽省级地方标准，按品质差异，分为特贡、贡尖、毛尖、一级、二级5个等级。

需要指出的是，有两个节气在安茶制作过程中尤为重要。一是谷雨，这是采制开端的节令，属于保证上等生叶原料质量的时间线。春天空气湿度大，鲜叶持嫩性好，茶品水质细腻、茶汤浓厚；二是白露，这是精制中尤为重要的节令，属于安茶承露必须遵循的时间。此时秋高气爽，平均日温20度左右，夜间下降6～10度。若白天晴朗无雨、夜间凉爽，朝夕有雾，此时茶叶承露，往往现出“秋香”特点。反之，非此节令前后无以接受来自大自然的雾气和露水，影响安茶质量。

安茶外售：旧时祁门当年精制完毕则运广东，售给商家存放三五年后，方才外销；也有少数祁门茶商，自行储藏陈化后再外售。现祁门厂家通常自行储存数月即外售，具体时间为春茶储至秋末，夏茶储至冬季，秋茶储至次年春末，再由买家购去自行陈化贮藏。同时自留少量储藏待售；也有买家付款购茶后，利用祁门独特气候陈化，存厂家三年或更长时间才取用。

水边茶村

包装巧用心计

开编安茶篓

安茶包装奇特古朴，雅俗共赏，个性化极强。可谓是内在土豪，甚至土豪金。巧合的是，近年习近平彭丽媛夫妇向韩国总统朴槿惠赠送安化黑茶，几乎也是这种竹篾包装，表面看土得掉渣，骨子里却透着中国文化大俗大雅的精神范。

说外形，质朴简陋，粗犷乡土，纯天然，原生态，见状似乎可闻田园风味，泥土芳香。其包装材料主要就是竹篾和箬叶，之所以用这种外形粗放，质地粗疏，堪称土得掉渣的材料，而不用质地致密诸如瓷器、铁听类惯用的器物包装，目的在于既生态环保，更便于吸收空气，以利陈化，充分体现茶人的智慧。

安茶每件包装共有内篓中条外皮三层，不但科学，且富有艺术品位。最内为篓，椭圆形，以竹篾编织。竹篾就地取材，基本为老竹，生态质地，韧劲结实，再加以精心编织，以胡椒眼为最好。竹篓看似普通，其实蕴含深刻科学：古朴、经济、透气，不但具有相当收缩力，且耐磨性能强，即使重力作用下，凭靠其伸缩性，茶篓基本不会变形，以保护茶叶不会受损。使用前，先入锅以茶汤煮过，为的是消毒和染香。盛茶时，篓内置箬叶。箬叶是当地百姓日常包粽子的包装物，饱含清香，兼有凉性。俗话说，茶是草，箬是宝，箬叶首先有保温作用，茶叶经蒸热软化后，趁热紧压入篓，以保持紧结和香气不外泄，随后扎紧成条

两篓为一组　　　　四组成条

扎条

七条成件

外扎为件

半斤装4组为1条

上烘；其次隔绝灰尘和杂味入侵，以回避茶叶吸异性强特点，在长期保存中，为保持茶叶纯洁性起关键作用，箬性融入茶中，提升香感、滋味、汤色，妙不可言，同时还有防止茶遗漏和有利于隔潮。中层为条，先以竹篓两两相对为一组，再以数组扎篾成条。最外为件，以数条相捆，外封厚实箬叶扎成。

包装现场

具体包装规格，传统方法从包罗无极的星宿三十六天罡、七十二地煞的吉祥数字取意，分别有一斤篓、二斤篓两种。其中最为常见是一斤篓，篓长约17公分，高约9公分。两篓成组为2斤；三组成条为6斤，六条捆绑成件为36斤；二斤篓包装方法与此相同，只不过茶篓大些而已。使用以上两种规格，其实也是出于适应水路运输需要的考虑，一斤篓以四件为一担，二斤篓以两件为一担，即每人担重均在150斤左右，量轻体小，方便上下装卸。

竹筏运茶

随着社会发展，交通条件改观，肩挑人驮基本绝迹，为便于运输和提高效益，如今安茶包装规格也与时俱进，即总量和体积有所改变。具体说有半斤装、一斤装、二斤装三种。半斤篓为新设计的包装，篓长约13公分，高约7公分，两篓成组为1斤；4组相扎为条，7条相捆成件，即28斤，所取也是二十八星宿之意；一斤篓为传统规格，然有时为方便装卸，也改为每条10篓5组，10条成件，即60斤；二斤篓方法与一斤篓方法相似，每件为120斤，根据客户需要制作。三种规格使用，主要视茶叶等级而定，其中半斤篓盛装高档特贡，一斤篓基本盛装中高档茶，如贡尖、毛尖等，二斤篓即以盛装低档茶为主。

以竹篾作包装，似乎为历史黑茶所通用。如湖南安化白沙溪千两茶、广西苍梧县六堡茶，其采用也是竹篾包装。此两种茶问世皆晚于安茶，然包装几乎雷同，其中似有悬疑。

此外，根据不同需要，现在安茶厂家偶尔也使用圆形竹篓，以及外套纸盒、塑料袋等包装。

说内装，典雅文气，内涵隽永，韵味十足，乃至爱不释手。具体说，则于茶叶中附有不同颜色的茶票。安茶茶票尤其多，一件茶品中，不是一张，而是三张，外地统称茶票、茶飞。祁门规范称呼，叫面票、腰票、底票，分别置于茶件、茶条、茶篓中。旧时茶篓内，甚至还附有官方注册证明书、公堂告示复制件等。即使在当今，安茶仍坚守传统本色，矢志不移，其外售茶叶中必定置放特色茶票。其中面票，旧时也称报单，置放在茶件面部，拆封即见；腰票置放于每条中间，拆条可见；底票置放在茶篓内部，翻开箬叶才可见到。三票作用，旨在防伪，同时也是茶企实力和文化的象征。其中以底票最为讲究，类似今天的商品说明书，图案幽雅精致，雕刻精湛细腻，语言生动趣味。旧时甚至不乏有诅咒骂人之语，如“无耻之徒”“男盗女娼”之类，实为其时造假风气所逼，是社会背景的写照。

更有甚者，除公开明显的茶票外，旧时有的茶商还在茶篓中再藏玄机，如不仔细辨别，很难发现。如孙义顺号茶票向有“本号茶篓内票三张：底票、腰票、面票。上有龙团佳味字样，并秋叶印为记，方是真孙义顺六安茶，庶不致误”字句，表面看普通平常，与其他茶号无异，无非走形式而已。然细究内在，就会发现玄机。这就是在茶篓中真有一枚植物树叶，藏在箬叶之下，绝非象征性写一句“秋叶印为记”，而是藏有真刀真枪，只不过比较隐蔽罢了。另白色腰票和红色底票上，还盖有红色朱砂印，也是不易发现的玄机。所有这些细节，不仔细辨识，很难察觉。其良苦心计，非一般商家所能想到做到，目的无非是防备官司纠纷，无事则罢，一旦走上官场法庭，即为商家硬通文件，铁证如山。

之所以，安茶商号有如此多手段防伪，作用无非两种：一是安茶好，市场走俏，假冒伪劣多，李鬼变李逵，以假乱真，不得不防；二是特殊标记，验明正身，以便在众多同类中脱颖而出，方便辨识，脱颖而出。至于后来，茶篓中再覆以巴拿马万国博览会奖状之类文字，则是民国中期的事了。

大俗便是大雅，安茶包装无疑是风景线，为人喜爱。乃至传承当今，商家仍在坚守，如孙义顺等安茶包装中，至今仍有面票、腰票、底票等，既是商家传统，也是文化继承。同时，各种新款包装陆续面世，茶票仍然必不可少。

2014年，孙义顺安茶厂的包装内盒及外盒，分别获国家知识产权局颁发的实用新型专利证书，竹篓获国家知识产权局颁发的外观设计专利证书。

被丛林包围的茶地

储藏充满玄机

春天祁城

安茶卖点，贵在陈化，陈化之要，妙在储藏。储藏时间一般为三年以上，目的在于退出火气，吸氧蜕变。三年陈化，每段光阴都是不可置换的经历，过程充满学问，场所和环境至关重要。

安茶是有生命的，储藏过程就是不断吸收氧气，不断释放水气。储存就是陈化，陈化就是体验四季变化，春发夏化秋聚冬眠，茶根据季节交替，潜移默化，品质转换，内涵不断变化，层次越发丰富，时间越久，茶叶就会越黑越亮越干，汤味就会越浓越红越醇，完全陈化到位的安茶，重量通常要打七折。经多年陈化贮藏的安茶，有一种妙不可言的独特味道，圈内称为陈化茶、年份茶、老茶。

茶最易受潮，储存过程中，对温度、湿度、通风等均有较高要求。香港资深茶人杨建恒，一直以来致力于收藏各种陈年老茶，对安茶储藏做过精深研究。他认为老安茶存世较少，可能与茶性有关，或许因嫩芽之故，在储存过程中，易受潮。还说与同时存放于香港传统茶库中的普洱相比，安茶更易吸收湿气，很快会出现灰白色，故储藏需要花费更多心思。

安茶储藏有本土陈化和外地陈化两种。本土陈化仓库要求高地板，小窗户。高地板以远离地面湿气，保持干燥；小窗户利于通风透气，保持空气新鲜，同时避免大量阳光直接辐射。茶库除梅雨季节窗户紧闭外，其他时间基本开放，以保持空气清新，干湿适度。常温以22℃~26℃为最好，相对湿度以75%~80%为佳，以适宜微生物种群(有益菌类)生长繁殖。这些有益菌生生不息，与茶本身形成完整生物链，有利于内含物质转化。

库中茶叶堆放也有科学，一般以几十大件为一码，码与码之间，留有人行空间，以便经常来人走动，带动空气流通，故储存过程中要注意控制湿度，注意水分，避免阳光直晒。独具特色的木板干仓，营造出独特的陈化环境，谱写下中国传统建筑构造的神奇。而旧时茶库甚至更为特别，说是形状类似蒙古包，且专门建成尖顶，以便热气集中和散发。

如同茅台酒只能产自茅台镇一样，祁门空气中也有许多独特微生物，特别适宜安茶陈化。祁门地处山区，森林释放出大量负氧离子，像保健品一样调节人体生理机能，当然也能促进安茶内在成分发生变化。加之祁门地形为丘陵盆地，多静风，不但冬天大雾持续时间长，且春夏季雾天也多，空气尤其纯净，质量API值大于50小于或等于100，属良好等级。安茶处于如此优等的空气维生素中陈化，不啻于是在森林疗养院中疗养，大有补益。2014年，由中国国土经济发展研究中心、中国国土气候旅游经济发展研究课题组等11家机构，参与合作研究的“引导人们选择亲山、亲水、亲绿、亲氧旅游地”项目，颁布祁门为“中国百佳深呼吸小城”。根据发布方解释，所谓“深呼吸小

外国旅行者骑行芦溪

城”，就是空气比较新鲜、适于避霾旅游的地方。评价指标主要就是空气质量：一是国土空间森林与植被覆盖率较高；二是历史年度空气质量优良天数比率较高；三是人类旅居活动区域空气负氧离子含量较高；四是全境范围灰霾灾害天气少。祁门无论是森林覆盖率，或林草植被、其他植被、城乡水体、湿地保护、生物多样性均为一流，摘取深呼吸桂冠，当之无愧。尤其春夏之交，烟雨蒙蒙，雾霭弥漫，空气几乎静止不动。2014年6月，该县小路口镇新岭村曾出现5位村民入深坞挖药而亡的不幸事件。后经专家鉴定，认为原因在于空气流动静滞，山坳底部二氧化碳积累过多，导致缺氧窒息所系。这从另一个角度说明，春夏之交，云雾缭绕，山岚蒸腾，空气凝结，茶叶沐浴其中，汲山林氤氲，收花草灵韵，滋润内质，孕育精华，当为独特物候。以这样环境储茶，三五年后，陈而不霉，陈而不烂，越陈越香，越陈越醇，并产生一种黝黑靓丽光泽，十分诱人，营养更为丰富。

葡萄酒和茶都是人类品饮历史悠久的饮料。欧洲葡萄酒、中国黑茶都是人类利用有益微生物进行发酵、通过古老及现

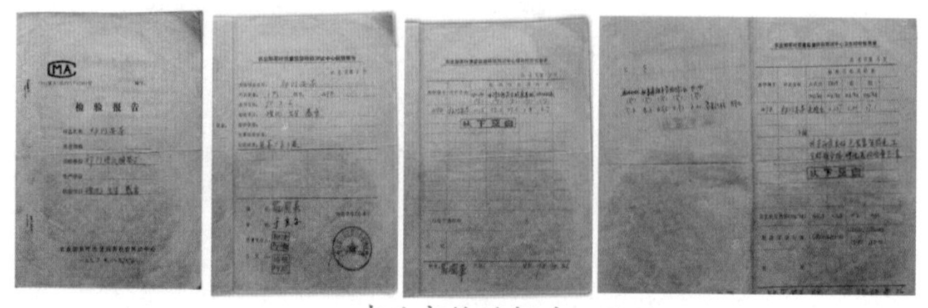

农业部检验报告

代改进的工艺制造而出。在良好贮藏条件下，具有越陈越香的特殊品质。良好的贮藏条件之一，就是需要在周年中有一段温度较冷（10℃左右）的贮藏期，祁门有这样的温度至少在3个月以上。民国年间，祁门南乡溶口最后一批贮藏9年以上的安茶运港，质量上乘，圆满销售，就是最好范例。

外地陈化以广东为多，尤其旧时基本如此。广东陈化安茶有的人是先入地窖储藏，至梅雨季节过后取出置放茶库中；有的地方是搭建上小下大中间空的圆锥形宝塔储存，销售时零散取卖，销往境外的则整件套以蒲包出口。

安徽省农业科学院祁门茶叶研究所黄建琴、王烨军在《安茶品质及化学成分研究》中对安茶多酚类组成及其氧化物进行分析研究，认为安茶的儿茶素含量较低，主要是在渥堆过程中，酯型儿茶素水解为非酯型儿茶素，更多的是由于没食子儿茶素（GC）类的氧化、聚合而使茶多酚降低。此外，由于加工过程中产生的氧化作用，而生成了茶黄素类，也使安茶的儿茶素含量下降。安茶特有品种和陈香是在制作过程中后发酵形成的，一定时间后生茶中的主要化学成分茶多酚、氨基酸、糖类等各种物质之间发生变化，使得汤色、香味更为理想，称为熟茶。熟安茶具有温和的茶性，茶水丝滑柔顺，醇香浓郁，更适合日常饮用。其液相色谱图及比较表格如下：

安茶主要品质成分分析

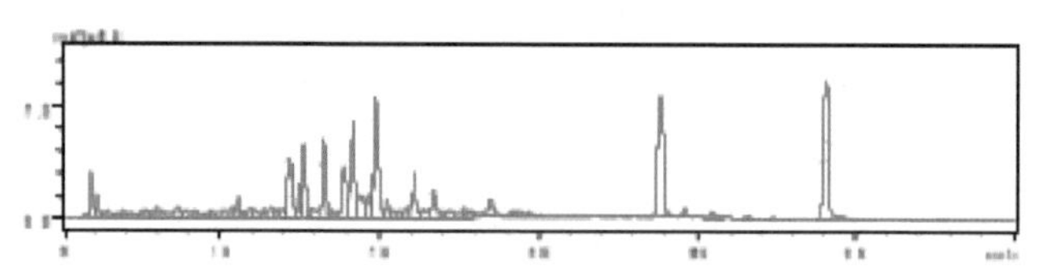

图 1　安茶高效液相色谱图(280nm)(儿茶素)

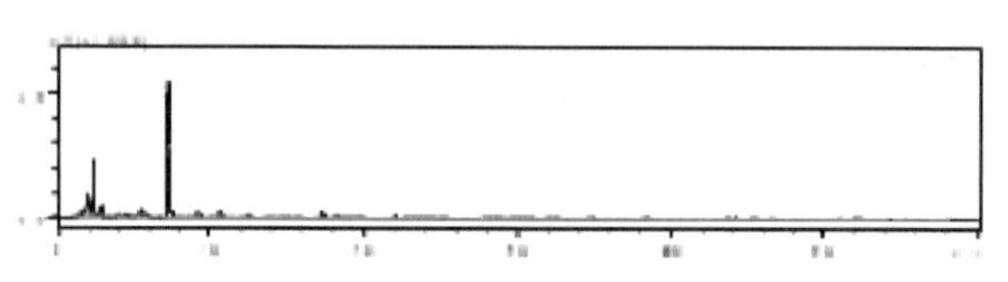

图 2　安茶高效液相色谱图(370nm)(茶黄素)

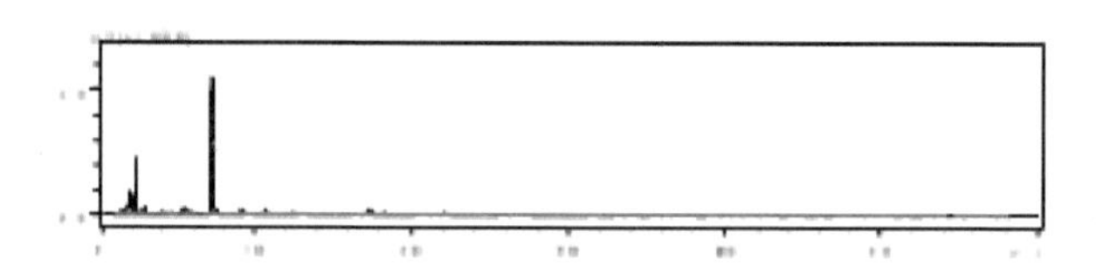

表 1　安茶、红茶和绿茶儿茶素组成与茶黄素组成比较(Arec%)

茶类	儿茶素组成						茶黄素组成				
	EGC	DLC	EC	EGCG	ECG	合计	TF1	TF2	TF3	TF4	合计
安茶	2.297	2.309	0.141	2.515	0.519	7.781	0.204	0.053	0.008	0.016	0.281
红茶	1.612	3.752	0.552	2.097	1.891	9.904	0.196	0.450	0.128	0.705	1.479
绿茶	1.623	3.623	0.144	27.979	9.002	42.371	-	-	-	-	-

表 2　安茶感官品质审评

外　形				内　质			
条索	整碎	色泽	净度	香气	滋味	汤色	叶底
紧实肥壮	较匀整	乌黑油润	净净	茶箬浓醇	醇厚甜	桔红澄明	肥厚青匀

至于私家藏茶，台湾资深茶人陈淦邦先生以自己多年积累经验认为，置于空气流通静置空间，不见光，干燥无杂味即可。如果怕有尘埃，可用透明的手工棉纸，每篓独立包裹，静待陈化。

丙
品鉴之章

柴米油盐酱醋茶

开门七件事，柴米油盐酱醋茶。安茶同其他茶一样，可为生活之茶，进入寻常百姓家。

生活茶的最基本功能是解渴，大众普通，质朴简单。口渴一杯，饭后一碗，闲时一口，来客一盏，无所谓繁缛程序；自然纯真，平淡寻常，不追求奢侈豪华；堂前厨下，田间地头，街口路旁，随遇而安，不讲究茶所条件。总之一句话，生活茶，来去轻松，重在养身，无需做功课，喝茶真享受。

安茶入生活，用法也简单。泡饮：拆开竹篮，取适量茶叶入杯，同时还可取小片包装箬叶入茶。冲水润茶，迅速将水倒掉，再冲开水，闷泡稍许，即可饮用。普通安茶一般可连续泡

6~7道以上。

至于冲泡老安茶，茶具当以瓷杯、盖碗为好。除此以外，香港茶艺乐团总经理陈国义先生认为，以粗质紫砂壶泡更为合适。因为这种壶透气度高，可以带出陈年安茶的清甜爽口之感，更能发挥出老安茶那种傲骨的文人雅士韵味，潇洒脱俗，有如竹子般清新和傲直。

煮饮：拆开竹篮，取适量茶叶入杯，再取小片包装箬叶入茶，以铁壶加冷水置炉灶，武火煮热至沸，再文火焖煮数分钟即可。成书于明隆庆至万历间的《金瓶梅》中，就有“这蕙莲在席上站了一回，推说道：‘我后边看茶来，与娘们吃。’月娘吩咐道：‘对你姐说，上房拣妆里有六安茶，炖一壶来俺们吃’”之句，说明煮饮安茶，古来就有。

当然，每一种茶，都有自己的特性。用好安茶独有茶性，扬长避短，服务生活，也叫价值最大化。

甲午盛夏，笔者走安茶故里芦溪，见一款奇茶，叫筋皮茶、渔夫茶，感觉用作生活用茶，再合适不过。

那日孙义顺老板泡茶待客，端来玻璃壶，我们看汤色橙红明亮，晶莹剔透，艳如琥珀，胃口大开。急忙斟杯开饮，感觉滋味特好，不但鲜醇甘爽，带箬叶清凉，且香气幽幽，陈香轻飏，如丝如缕。我们牛饮数杯，过足渴瘾后问老板，此茶何年？老板答：2007年的货，不过不是好茶，是茶朴，下等茶，属第二道拣剔，有芽头乳花，茶汁浓，茶味好。从前南洋平头百

茶区山泉

姓最喜欢，尤其水手船工将它作随身必备神药，下海打渔买不起好茶，就买这种下等茶，故叫渔夫茶，也叫筋皮茶。

渔夫茶、筋皮茶？既形象，又新鲜，我们深感好奇，立马取来茶听，伸手掏茶翻看，果见一堆乱梗杂碎，刚硬颗粒，铁锈红色，线头长短，粗细不匀，毫无茶样，看相几乎糟糕。登时想起千百年来农家常喝的茶，那叫收山茶，即采摘过后的茶尾，然茶汁浓郁有加。笔者再忆及自己当年在祁门茶厂做茶，同样也是泡喝这种茶，即拣剔出来的茶头，规范称呼叫茶梗，虽看相不雅，然内劲十足，尤其酷暑，饮来大解渴瘾，香韵穿肠过，氤氲贯至今。继而再想到梁实秋先生写《喝茶》文章，其中就有：有同学来自徽州，只知道茶叶是烘干打包捆载上船，沿江运到沪杭求售，剩下茶梗才是家人饮用之物，恰如北人所谓“卖席的睡凉炕”。所有这些与此茶，无疑都是一类，即上等茶尾巴,委屈被称下脚茶。犹如山姑,不事打扮,质朴含蓄,美丽在内中,用以解渴,最为上等。事后再补功课,得知安茶茶梗早年在东南亚市场就有,老茶行有时要对内地安茶进行再加工,精选安茶时,挑出嫩枝梗,专供低收入人家饮用或入药。说是这种茶品最神秘,只见茶梗不见茶叶,整体就是茶梗茶,干嗅有火香,汤味温顺。因滋味较为芳香甜润,故美其名曰:六安骨。特别是二十世纪五六十年代,祁门安茶停止生产,而许多香港人家因生活艰难,必须购买六安骨,用以家泡壶茶使用。香港的小茶商,便向批发商购入廉价的铁观音和水仙茶,挑选出茶梗焙火后,廉价外售,茶名仍叫六安骨。这些物尽其用的地道香港产物,也曾风靡一时,对于上一辈香港人仍记忆犹新。

坦率说,品饮渔夫茶、筋皮茶,最经济最实惠。究原因,在于好安茶为挑选上上芽蕊细尖,不惜工本,精工制作,再陈化三年,本钱不小,身价显贵,日日饮用,非富庶之家,享受不起。而生活茶,无需讲究,平平淡淡才是真。人有三六九,物有上中下,茶也不例外,好茶细喝,粗茶粗喝,除接待贵客外,取此渔夫茶、筋皮茶自用,工余饭后,日常渴饮,茶相虽一般,然内涵丰富,领略过后,被山野原味包围,幸福满身心,那感觉就是一个"爽",堪称最佳选择,何乐不为。尤其当今世风,猛追原生态纯自然,追到质朴源头,渔夫茶、筋皮茶,最为地道正宗,作生活用茶,既适用更过瘾。特别是三伏酷夏,大汗淋漓,狂饮一碗陈化的筋皮茶、渔夫茶，味略苦，茶性凉，消热消暑，止渴生津，健脾开胃，去生理焦躁郁闷疲惫之烦，带身心平静清醒精神而来，感觉一定好。假如将泡好的筋皮茶、渔夫茶放凉，置冰箱冷藏后，再取饮用，口感清凉醇和，安茶陈温凉性发力更大，给人以两腋生风，飘飘欲仙的质感。

更需要说，以安茶作生活之茶，在适宜时间，适宜年龄，更是最佳。一杯安茶在手，问炎热夏季，慰年轻身心，当是黄金搭档。倘若再一人得幽，二人得趣，三人成品，偷得尘世闲暇，尽享人生乐趣，更为极品茶境。

总之，安茶之于生活，似乎如盐，没有也可以，然淡而不爽。使用最好，日子有滋有味。

芦溪水面

琴棋书画诗酒茶

茶可养身,更可养心。到养心层面,便是档次上升,叫年份茶、文化茶、艺术茶。用家也一样,进入此领域,人人有品味,个个皆达人玩家。他们面对安茶,不再是简单泡喝,而是品味,继而收藏,再而把玩,乃至邀集茶客开会赏鉴,有茶同乐,有福同享,将安茶玩上高端,玩到极致。

正因为老安茶具有唯一性、稀缺性、珍贵性、高价值性,属小众茶一样,其文化基础深厚,有待挖掘,犹如雪藏珍品,沉睡未醒。物以稀为贵,在其价值未发现前,开始仅少数人慧眼独具。而近年来,伴随股市和楼市熊步蹒跚,民间资金投资渠道收窄,买到等于捡漏,其易存、陈香特点受收藏界青睐，成为游资追崇对象，投资者日渐增多，悄无声息便成为海内外收藏家新宠，人们视百年陈茶为文化艺术品，通过观其形、赏其色、闻其香、尝其醇，领略越陈越香的醇厚滋味和难舍的韵味，以艺术文物的魅力，诱人望尘莫及。玩家倾情投入，趣事佳话迭出，媒体频频爆料，故事诱人动心，意气风发。本书第一章曾披露台湾《茶艺》组织的老六安品鉴会，这里再举四例，以作沧海一粟，略领玩家风采。

先说一位林光明先生。据中山网载，林先生为乐心行茶叶贸易公司老板，属安茶资深发烧友，购茶藏茶玩茶鉴茶，几近走火入魔，倾情多年。其曾经精选四款各相隔六年的孙义顺安茶开泡品鉴，用茶由近及远，程序精细严谨，过程详细记录。现刊载如下：

第一款·2010年半斤装特级贡尖

市场售价：60~70元/篓

时间：2013年1月16日

气温：20度

冲泡器皿：小盖碗

冲泡水温：100度

投茶量：5~6克

条索：色泽黑润，条索紧结，十分细嫩。汤色：汤色金黄透亮。香气：有绿茶的香气和烤火香。回甘：回甘不明显，生津倒是很快。水性:水路细腻。口感:口感霸道,苦涩明显,且苦比涩更显著,化得倒是挺快,迅速生津。耐泡度:比较耐泡,可冲7~8泡。叶底:茶底干净。泡开的茶叶,纤细而均匀,嫩度和韧性都非常好。

第二款·2004年1斤装一级贡尖

市场售价:300~400元/箩

时间:2013年1月16日

气温:20度

冲泡器皿:小盖碗

冲泡水温:100度

投茶量:5~6克

条索:色泽黑润,条索紧结,但比起2010年的茶底,看起来粗壮许多。汤色:汤色由金黄转变为橙黄,晶莹剔透。香气:竹叶香夹杂着淡淡的陈香。回甘:有淡淡的回甘。水性:水路细腻。口感:苦涩味减低,入口醇香而清润,而且伴有淡淡的回甘。耐泡度:比较耐泡,至少可冲7~8泡,泡完之后还可用壶煮上几泡。叶底:茶底干净。泡开的茶叶,叶片均匀,韧性好。

第三款·1998年半斤装特级贡尖

市场售价:300~400元/箩

时间:2013年1月16日

气温:20度

冲泡器皿:小盖碗

冲泡水温:100度

投茶量:5~6克

条索:色泽黑润,条索紧结,不见梗。汤色:汤色橙红,晶莹剔透。香气:竹叶香夹杂着陈香和药香。回甘:回甘较为明显。水性:水路细腻。口感:苦涩味较2004年变弱许多,入口更为香醇清润,回甘也明显。耐泡度:比较耐泡,至少可冲7~8泡,泡完之后还可用壶煮上几泡。叶底:茶底干净。泡开的茶叶,叶片均匀,韧性好。

第四款·二十世纪八十年代初一斤装一级春尖

市场售价:10000~15000元/篓

时间:2013年1月16日

气温:20度

冲泡器皿:小盖碗

冲泡水温:100度

投茶量:5~6克

条索:色泽黑润,条索紧结,不见梗。汤色:汤色似洋酒色,褐红色,十分剔透。香气:竹叶香变淡,陈香、药香明显。回甘:回甘持久。水性:水路细腻。口感:无苦涩味,将茶水含在口中,香醇清润,头段似陈年熟普,尾段似陈年生普,口感十分特别。耐泡度:比较耐泡,至少可冲7~8泡,泡完之后还可用壶煮上几泡。叶底:茶底干净。泡开的茶叶,叶片均匀,韧性好。

再说一位随心阁的博主，也是资深茶迷。其玩安茶深情有道，并以博客记录自己品鉴经历：

我有幸喝到的陈年安茶，来自新加坡茶友。因卖它的茶店老板娘说不出它的确切年纪，只说是十几年前她嫁来的时候就有了，所以朋友标记为不知年。

我取来人字梯，把高高珍藏在书柜顶层的安茶搬下合影存照，再按照安茶给我的印象，摆一个古朴怀旧的茶席。坐在这样的席间，心与安茶的距离更近了。我解开茶，闻起来几乎没有味道，既没有茶香，也没有陈霉味。一般人看不出来它是可以泡来喝的茶饮。虽没有邀请客人，可是每一水，都泡得很用心。我取七克，投入200CC紫砂壶。沸水洗一遍。安茶如同

百年安茶的茶汤

沉睡初醒般，一股类似人参的药香悠悠升起，使我对茶汤的期待越发迫切，第二遍洗茶水没舍得全到掉，被这红浓透亮的汤色引诱得留了一杯，喝一口，有平和参味，微苦、沉香。赶紧再泡第三水，杯中汤色真是红得诱人。独品好处就是可以豪饮，双杯下肚，一股暖流淌过，从咽喉到胃里，仿佛熨平一般。四水已经完全喝不到微苦，茶汤变得甜爽，依然是药香，变得愈发含蓄而纯净，后背也开始发热起来……

北京品鉴会

北京品鉴会部分嘉宾

还有一位香港陈国义先生，功夫同样一流。陈先生存茶有术，藏茶多种，其中以孙义顺笠仔、40多年六安散茶、新制正宗六安笠仔为最爱，款款都留有记录细致感觉的文字，且将其与普洱比较，认为六安茶之美，重在口感，特质是清新、清爽、清甜，像傲骨文人雅士，无杂气，潇洒脱俗，有如竹子般清新和傲直；而普洱厚实、绵长、润泽，像看透世事、饱历沧桑的中年人，正值辉煌时刻，光芒四射，有如菊花绽放。所以两个陈年茶系，各有不同，各有品饮特色与风格，没有谁胜谁负之较，最重要的是用什么角度去欣赏。除单一冲泡外，陈先生还有更多尝试，如在茶艺班对学生说，正宗六安茶使用的是徽青茶，应带回甘，茶水活泼，不呆滞，购买要小心辨认。他有次遇上一批正宗徽青，当即进货作为教材。再如尝试安茶入药，加入陈皮泡，抑或泡制桂花安茶等，多方实验，多种感受，所得情趣和风韵，十分可人。

还有黄山市孙义顺安茶公司，甲午盛夏，专门进京，举办孙义顺安茶品鉴会。到会者均为京华资深茶友，初见安茶，大家一脸茫然。古书未记，专家未说，教科书工具书未载，市场更无寻处，人人感觉新奇。于是打探咨询，品鉴会未发力，功夫先达。及至品鉴正式开场，无论美女操琴煮茶，还是茶客端杯啜饮，抑或茶人演示讲茶，三小时基本鸦雀无声，细细品，慢慢啜，悠悠嗅，无人乱置一语，深情一番品味后，喝彩声一片，众口一词均说好。如此惊翻茶友一片，当为安茶魅力所致。事后评点，安茶可谓茶模，且赋诗赞誉：深谷幽兰安茶来，碧露香韵甲午开。高朋阔论惊鸿起，京华茶模走T台。数月后，孙义顺

杯沿带泡才是最好安茶

安茶茶艺表演

开汤看色

公司再次出行,分别在北京彼岸书店、南京闽福茶行、合肥彼岸书店以及上海等地举办安茶品鉴会,效果更甚一筹。

领略安茶幽深玩味,最好再配搭一套专用茶具,煮饮为上。茶具:红泥炉、褐柴炭、黑铁壶、白瓷杯。步骤一:取柴炭数颗置泥炉中,层叠堆起以通风。步骤二:点燃引火线,插入泥炉空间,引燃柴炭,适当以扇对炉下风口轻送风,使之火旺。步骤三:炭火红艳,放铁壶煮茶。步骤四:茶热冲汤入杯,此时看琥珀茶汤,嗅氤氲茶香,啜醇厚茶味,别有一番风味。不过一般柴炭不耐烧,最好取用祁门本土的油茶籽壳烧成的籽壳炭,既结实小巧,又经久耐烧,野趣盎然。

总之,安茶之于文化,在于领略。有如糖品,不用固然可以,然用了肯定甘爽甜醇。

通经活络药用茶

筋骨茶样品

茶为药用,在我国已有2700余年历史。

我国茶界唯一的中国工程院院士、著名茶科学家陈宗懋先生是世界茶叶研究的权威之一。他指出,茶最早被发现时,是为药用解毒之物。中国茶最早向西方输出,也是作为"神奇的东方之草",因其药用价值而被西方人接受的。故早期在西欧一些国家,人们只有在药房才能买到茶。

茶药同源。古语:神农尝百草,得茶而解

之。这里的“荼”指的就是茶，说明以茶作药由来已久，故《中国茶经》载茶叶药理功效有24例。缘此科学依据，安茶更胜一筹。明屠隆在《考槃余事》载：六安茶品亦精，入药最效。现代药理分析发现，安茶中含多酚类物质和多糖类物质，比重很大。其有清热、止血、解毒、消肿、杀菌、防腐、抗癌之功效，对AH-39细胞消瘤率达90%，对肉瘤-18细胞消瘤率达90%。茶多糖有降血糖、降血脂、抗血凝、抗血栓等功效，对糖尿病和心血管病有一定疗效。此外，安茶在发酵过程中，产生一种叫普若尔的成分，对防止脂肪堆积有作用，故对抑制腹部脂肪有明显效果，以及高血脂、减肥等均有效果。

有关安茶药效作用，岭南地区流传故事最多。其中以孙义顺安茶驱除瘟疫的传说，最为生动趣味：说是孙义顺号老板，早年运茶下广东，一日在鄱阳湖码头遇一位广东戴姓医生，想搭帮回家，但身无分文，便央求茶老板开恩。孙义顺老板不但慷慨应允，且一路好茶好酒相待，行程数月，来到广东，正值流行瘟疫，百姓叫苦不迭。戴姓医生当即挂牌行医，为感谢孙义顺老板搭乘之恩，特在每幅药方中开三钱安茶为药引，不想效果奇好。从此安茶可治病的消息不胫而走。故事一传十，十传百，越传越神，安茶名声大震，以致被人们奉为包治百病的灵丹妙药，称为圣茶，有条件者几乎家家皆备。

安茶以陈为贵，越陈越温，越陈越凉，以作药引，在煎煮一些特定的中药时，一并加入煎煮，以增加药效，或引发药效，促发药性，有一定作用。尤其陈年安茶火气褪尽，茶性温凉，味涩生津，能祛湿解暑，故孙义顺传说有一定科学道理。

孙义顺安茶历由佛山北胜街广丰茶行销售，其他安茶也多经佛山外售。他们之所以选址佛山镇，而不是广州、番禺、中山等地，似乎也与该茶含有药性相关。因为佛山自明清以来就是商业重镇，曾跻身于中国四大名镇之列，市场广阔。更重要的是，此地最著名特产，是为佛药，其以原料上乘、工艺精湛、

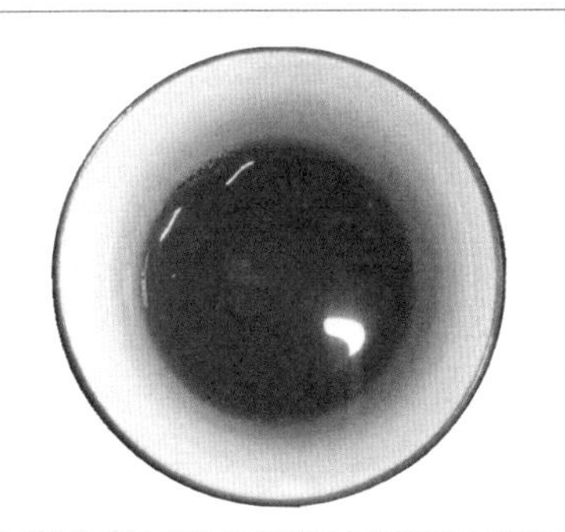

宣统二年(1910)安茶

古方正药、疗效确切、品种齐全等特点，畅销于岭南乃至东南亚地区，以致有“岭南成药发祥地”“广东成药之乡”美称。其中不乏药茶，如清嘉庆至光绪百年间，佛山就有敬寿阁万应茶、源吉林甘和茶等著名品种。孙义顺等安茶选佛山发售，看来绝非偶然。

安茶在南方之所以畅销，原因在于那里比较湿热，民间俗称瘴气较重。即便当今，广东及东南亚人仍习惯饮用药食，如广州人开席，习惯先喝一碗带中药开口汤，新加坡则肉骨茶盛行，二者均有祛湿补气的功能作用。故旧时安茶外售，茶票中每有“饮之清馥弗觉，又能健寿益神，夏日亦能生津解渴，居热带者尤能消瘴疫，于卫生大有裨益”字句，缘此备受广东、港澳台和东南亚人喜爱，大受推崇。不但古时岭南郎中作药饮，即在当今预防流行疾病，也是良药。2003年非典流行，岭南人以历史经验为鉴，大买安茶，以作防范，就是最好事例。同时也是推动安茶死而复生的重要动力之一。此外，我国民间也一直有收藏陈茶做药的风俗，安茶为陈茶之王，故近年来收藏者也众。

今人中有陈国义先生更是范例，其钟情安茶多年，精研安茶药效，做过更多尝试：一是加入陈皮泡。陈皮用大红柑的干果皮，为广东三宝之一，以新会产地最为上品，甚至有怪象，皮比肉贵。与安茶一样，储藏时间越久越好，以此配安茶，陈上加陈，锦上添花。药理有理气、健胃、祛痰等功效。陈先生还将安茶与陈皮放一起，多年后，二者药性互相吸收，互相融合，效果奇好。其经多次实验，认为每斤安茶以放置两片陈皮为最佳，置于茶樽中两年，便生出陈皮安茶之药效。冲泡时，只需投茶，茶汤中就会泛出陈皮香，当然二者配置越久，陈皮香味就越重，茶汤也带陈皮香，汤色明亮艳丽，滋味爽口清新。二是加入桂花泡。桂花除富有寓意和可供观赏外，其性温，散寒破结、化痰止咳，据传还有养颜之效，尤为女性喜爱，还可窨制花茶。其与安茶相配，两者性温结合，相互辉映。泡用时，茶汤带桂花香，别有情趣和风韵，更是十分可人。陈先生认为，以安茶制药茶，能助人静心、排毒，是保健疗身最好法宝，是理性的回归，遗憾的是这种意识却不够深入人心。

《專訪新星茶莊負責人楊建恒》
陳年笠仔六安茶 辨識綜論

台湾《茶艺》文章

台湾茶人品鉴安茶

笔者闻说老安茶医治

新产的安茶

也可入饮的箬叶

牙疼有效，也曾以身一试，感觉不错：那日朋友小聚，店家端来8菜，竟有6菜是红泥炭炉，一顿火爆大餐过后，喉疼牙痛大发。次日一早，且左脸颊居然违背美学基本对称原则，独自见肿，痛楚不堪。猛然间想起安茶，心头一亮。咽哑牙疼为火气，一物降一物，当用寒性安茶对抗。于是解茶投茶，以文火慢炖，煮出酱色茶汤开喝，一天几杯，次日感觉疼痛有退，继续再喝，牙疼

孙义顺安茶老包装

孙义顺安茶新包装

果减，二三日几乎踪影不再。事后再读书，方知茶为尤物，治病有功，在于中医西医均有雄健理论：茶多酚有抗菌抗病毒、防龋作用；茶氨酸有镇静、消除精神紧张、疏导神经系统作用。具体到喉症，中医认为咽喉肿痛属热症，以寒克热，可有效控制症状。安茶茶性温良，清热利咽，消肿止痛，清泻肺热，疗喉最好；西医认为咽喉疼痛为临床表现，凡患有急性或慢性咽炎、喉炎、扁桃体炎、扁桃体周围脓肿、咽喉脓肿等，均可引起咽喉局部肿痛。安茶抗炎效果好，有杀菌力。具体到牙疼，中医认为牙疼原因主因是气穴不通、虚火上炎，从而使内脏功能失调。安茶茶性凉，清火气，药性直入经脉，治疗牙疼有特殊功力；西医认为龋齿、牙髓炎、牙周炎、冠周炎等都会引起牙疼，茶多酚等抗菌成分有凝结蛋白质的收敛功效，能与菌体蛋白质结合而致细菌死亡，茶叶中水杨酸、苯甲酸和香豆酸均有杀菌效果。此谓学习实践之得也。

再者，安茶包装物品中的箬叶，也同样具有药效。台湾资深茶人陈淦邦在《孙义顺品茶记》中说：陈年六安茶竹叶有特殊食疗功效，因此不少老人特别喜爱在泡茶时，放进一小片竹叶，别有一番滋味。另说据传岭南有一偏方，使用这种竹叶煮水饮用，可舒缓喉痛声哑。

当然，医学乃严谨学科，用药当慎之又慎，故安茶入药，当以医嘱为要，切不可随意乱用，或完全依赖。

延年益寿养生茶

举凡茶叶，皆以新鲜为贵。唯独安茶，舍新弃鲜，以陈为贵。

安茶陈化自有它的道理，茶遇氧变，自身元素被激化，产生更多多酚类物质和多糖类物质，故而越陈越香，越陈越美，越陈越醇，越陈越凉，越陈越奇。据农业部茶叶质量监督检测中心披露，安茶抗氧化活性和其他生物活性正在研究中，预测将来以安茶制保健食品大有前途。同时，该中心化验表明：安茶茶多酚27.6%，水浸出物39.2%，咖啡碱3.7%。氨基酸总量1.8%。以1∶10比例浸出茶汤，复配成茶饮料，口感纯正，滋味浓醇甘爽。另据中科院植物研究所所长赵宝路研究得知，安茶经三年以上的陈化，其茶多酚多半会转化为茶合素，然抗氧化功效丝毫未减。

安茶养生，当有奇效，何以为凭，名著可证。

吴敬梓在《儒林外史》第二十九回“诸葛佑僧寮遇友　杜慎卿江郡纳姬”写道：

当下鲍廷玺同小子拾桌子。杜慎卿道：我今日把这些俗品都捐了，只是江南鲥鱼、樱、笋，下酒之物，与先生们挥麈清谈。当下摆上来，果然是清清疏疏的几个盘子。买的是永宁坊上好的橘酒，斟上酒来。杜慎卿极大的酒量，不甚吃菜，当下举箸让众人吃菜，他只拣了几片笋和几个樱桃下酒。传杯换盏，吃到午后，杜慎卿叫取点心来，便是猪油饺饵，鸭子肉包的烧卖，鹅油酥，软香糕，每样一盘拿上来。众人吃了，又是雨水煨的六

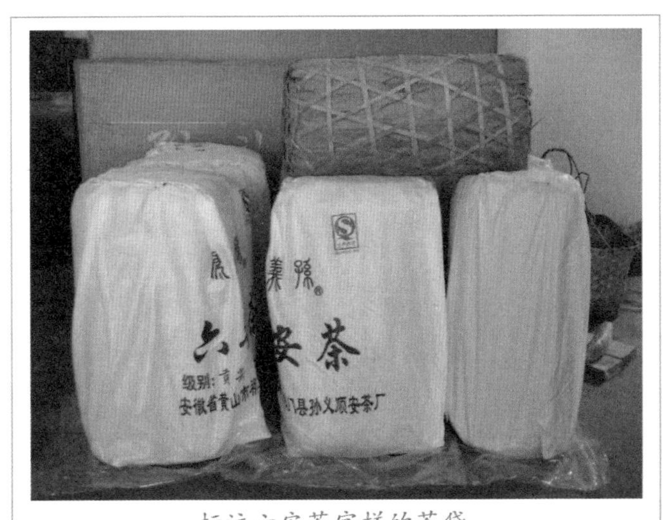

标注六安茶字样的茶袋

安毛尖茶，每人一碗。

明眼人一看便知，此处用安茶，在于消食。既为宴席落肚之酒，也为酒后的猪油饺饵、鸭子肉包烧卖、鹅油酥、软香糕。为此说，酒食做加法，安茶做减法，一加一减，黄金搭档。

古语云：腥肉之物，非安茶不消。一日无茶则滞，三日无茶则病。说明安茶能够促进肉食、奶酪等高脂食物的分解和消化，以及解除油腻、胆固醇沉积等作用，是不可或缺的健康饮品，以之为油腻积食克星，是有一定道理的。故有清张英在《聪训斋语》中说：六安茶尤养脾，食饱最宜。

无独有偶。名著中类似消食事例，还有《金瓶梅》。其第二十三回“赌棋枰瓶儿输钞　觑藏春潘氏潜踪”中写道：西门庆回家，与家人吃金华酒、茉莉花酒。酒后有人便吩咐：上房拣妆里有六安茶，炖一壶来俺们吃。

《红楼梦》与安茶古画

然事物也是辩证的，安茶为陈茶，茶性温凉，科学地说，对饮用者而言，当然也有适宜与不宜。归纳起来，当为三宜三不宜：地域宜热带、年龄宜年轻、季节宜夏季；反之，即不宜寒带、不宜老年、不宜寒冬。类似功用，《红楼梦》可证。

《红楼梦》写的是康乾盛世，人称清代百科全书。据史料载，其时京都流行御制供茶有六种：六安茶、虎丘茶、天池茶、阳羡茶、龙井茶、天目茶。其中六安茶尤其受宠，诸如“古甃泉踰双井水，小楼酒带六安茶”“金粉装修门面华，徽商竞货六安茶”等，皆为坊间赞语。可是偏偏贾母不爱，原因何在？

第四十一回“贾宝玉品茶栊翠庵　刘姥姥醉卧怡红院”写道：妙玉捧来海棠花式雕漆填金云龙献寿的小茶盘，里面放一个成窑五彩小盖盅，捧于贾母。贾母道：“我不吃六安茶。”妙玉笑说：“知道。这是老君眉。”贾母接了……以及后面妙玉论水、评点茶器，发表饮茶感慨等，读来令人荡气回肠。然贾母“不喝六安茶，却接了老君眉”，确实令人费解。

六安茶茶性温和，对肠胃刺激小，相对新绿茶老君眉而言，按理说，老君眉火气更高，温和六安茶似乎更适合贾母所喝。为什么贾母却不喝？难道是此茶不够名贵吗？

仔细分析，贾母不爱六安茶，其实事出有因。了解茶性的人都知道，茶有不发酵、半发酵、全发酵三类，六安茶为半发酵茶，茶性虽温和，然摆放三年后，茶性变凉，因而产生祛暑退热功效，故有越陈越香、越陈越凉之说。贾母年高体虚，阳气不足，火气不旺，加之老人肠胃怕凉喜热，所以不适饮用看似性温，实则性凉的六安茶。之所以，她一看端茶上来，就担心妙玉拿了市面走俏的六安茶给她，所以才有一句：我不喝六安茶。

有关安茶养生理念还有很多。如香港陈国义先生认为：安茶温中和胃，解腻止咳，帮助消化，不仅减肥，还能改善消化系统，长期饮用，可保持身材苗条。现代生活节奏较快，气候干燥变暖，人们摄入的高脂食品较多，膳食结构单一，陈年安茶富有多种维生素，能够有效补充人体所需等。故岭南地区以前的世家望族都爱喝安茶，据说二十世纪三十年代的广东电影中，就常有开竹篓、泡安茶的情节。

总之，安茶用于养生，等同保健，只要施用，肯定帮忙，有利无害，绝不会白用。

老安茶胶质感茶汤·采自网络

丁
溯源之章

唐宋有茶万国求

古代茶政图

安茶出自祁门,祁门有茶由来已久。

最早记载祁门茶品的文字,是唐大中十年(856)杨华的《膳夫经手录》:歙州、婺州、祁门、婺源方茶,制置精好,不杂木叶,人皆尚之。

方茶也叫饼茶,分方形、圆形两种。新编《祁门县志》记其制作工序:将生叶经蒸气杀青后烘干捣碎,碾成细末,再蒸软,做成长条状或圆饼状,中间留一孔,穿串起来烘干即成饼茶。

大唐帝国崇尚茶叶,贸易活跃,茶市繁荣。

其时，中国南方最大的茶叶交易市场在江西浮梁。唐人白居易《琵琶行》云：商人重利轻别离，前月浮梁买茶去。写的就是其繁荣景象。浮梁位于祁门之西，相邻仅几十公里，两地山水相依。一条水路叫阊江，溯流直下到浮梁。祁门饼茶走浮梁茶市，可谓天时地利人和均有，近水楼台先得月，缘此祁门种茶积极性极高。

古道茶碑

有一篇《新修阊门溪记》，记下唐时祁门茶事：

县西南十三里，溪名阊门，有山对耸而近，因以名焉。水自叠嶂积石而下，通于鄱阳，合于大江，其济人利物不为不至矣。其奔流激注，巨石碑矶，腾沸汹涌，涗嚼圆折，凡六七里。舟航胜载不计轻重，篙工楫师不计勇弱，其或济者，若星驰矢逝；脱或蹉跌，必溺湾漩中，俄顷灭迹矣。邑之编籍民五千四百余户，其疆境亦不为小。山多而田少，水清而地沃。山且植茗，高

新修阊门溪记

下无遗土，千里之内业于茶者(十)七八矣。繇是给衣食，供赋役，悉恃此。祁之茗，色黄而香，贾客咸议，愈于诸方。每岁二三月，赍银缗缯素求市将货他郡者，摩肩接迹而至。虽然，其欲广市多载，不果遂也。或乘负，或肩荷，或小辙而陆也。如此纵有多市，将泛大川，必先以轻舟寡载，就其巨艟。盖是阊门之险，元和初，县令路曼常患之，闻于太守故光禄大夫范卿，因修作斯处。其后商旅知不旅阊门，果竟至，籍户繇是为之泰。其求已五十五载矣。元和、咸通，伏腊相远，阊门始废之时，功未甚至，犹利于人且久。长庆中，县令王迅曾略见旧址，盖茶务委州县，贵�邀商贾而已。今则颍川陈甘节为祁门令，一年而政成，孜孜求里闾之患，果得阊门溪焉。乃速诣，目击险状，吁可畏也！必期改险阻为安流，回激湍为碧澄。乃录其始制之实，闻于太守清河崔公，自请以俸钱及茶羡利充木石之用，因召土客、商人、船户接助。夫使咸适其愿，无差役之患，无箕敛之弊，公悦而从之。自咸通二年(861年)夏六月修，至三年春二月毕。，削盘石为柱础，叠巨木为横梁，其高一丈六尺，长十四丈，阔二十尺。堰之左，俯崇山作派为深渠，导溢流回注于乾溪，既高且广，与往制不相侔矣。整石叠木，溯流安逝，一带傍去，滔滔无滞，驯鸥戏鱼，随波沉浮。不独以贾客巨艘、居民叶舟往复无阻，自春徂秋，亦足以劝六乡之人业于茗者，专勤是谋，衣食之源，不虑不忧。夫如是有以见清河公求理诚至，苟非良邑长不可以佐理；颍川君临事心专，苟非贤太守不可立事。其作用坚固永久，与山川齐。途寓于郡下，尝游兹邑，颇熟本末，因得以记。咸通三年秋七月十八日，歙州司马张途述。

饼茶模型

这是一篇记载祁门整修运茶水路的文章，文采斐然，千古流芳。其时为公元862年，作者为歙州一把手。当时祁门属歙州，侍茶情景，可见一斑。唐代还有一裴济撰《茶述》说：今宇内为土贡者实众，最下有鄱阳、浮梁。从中可见，浮梁茶曾是贡品，毫无疑问，此中必有祁门茶。更牛者，还有高端赞茶的敦煌写本《茶酒论》，其中“茶对酒曰：阿你不闻道，浮梁歙州，万国来求”。万国来求，当然更有祁门茶。

宋朝也是茶时代，君不见，宋徽宗专作《大观茶论》，朝野痴茶，可想而知。与唐代所不同的是，宋人不但好饼茶，且在茶饼印龙印凤，制成龙凤图案，故称龙凤团茶。祁门茶当然不会例外。

祁红采茶女塑像

明代跟风追六安

岁月到明代，农民出身的朱元璋当了皇帝。

朱元璋自幼生活于民间,知道唐宋的龙凤团茶制法繁琐，饮法奢靡，于是在洪武二十四年(1391)下旨:罢造龙团。从此茶事大革命,饼茶走了,散茶来了。

明永乐九年(1411),祁门问世《祁阊志》,其在“物产·木果”中载:茶则有软枝,有芽茶,人亦颇资见利。这里所讲软枝茶,具体是什么茶,含混不清。笔者认为,顾名思义,所谓“软”,应是“硬”对立,即软枝茶应是相对硬饼团茶而言,实则散茶。

有关散茶,其实徽州早有。宋代歙人罗愿

撰《新安志》说：茶则有胜金、嫩桑、仙芝、来泉、先春、运合、华英之品；又有不及者，是为片茶八种；其散茶曰茗茶。之所以出现散茶，是因饼茶制法繁琐不说，其饮用从解茶到过碾，从筛分到烹煮，手续复杂，费神费时，平头百姓既无闲情逸致，更无空闲工夫，根本无福分享用。布衣草根喝茶喜欢简单快捷，直来直去，既然饼茶难以伺候，干脆自制散茶对付。然唐宋时散茶不被皇廷所宠，只好隐伏民间，作地下茶品，默默履职几百年，无怨无悔。如今大明天子公开毙了硬茶，散茶得解放，当然也就公开亮相，于是堂而皇之闪亮登场。

软枝茶身份合法，也就意味着可以入市交易。然茶品变商品，必须要打扮。打扮需标杆，参照当以好茶为样板。按理说，明代祁门附近好茶有两种，一为徽州松萝，二为六安贡茶。松萝茶问世于明隆庆年间(约1570)，因技法独特，人称炒青鼻祖，问世后随徽商足迹，开始传至大江南北。然祁门人未以为仿，原因可能有二：一是安茶问世时，松萝还未问世，即安茶在先，松萝为后。二是松萝初问世，名声尚小，还不足以有堪当样板茶的资格；六安贡茶产自离祁门不远的皖西，这是名闻全国的茶品，名气奇大，并有不凡历史。

追溯六安贡茶的名望，早在唐代，就属非凡。其时皖西最好茶园直接受控于皇室，专为御用。入明后，民间茶声名也相应日著，如《两山墨谈》载：六安茶为天下第一。有司仓贡之余，例馈权贵与朝士之故旧者。头芽一斤卖至白金一两。且自明代起，六安茶开始入贡。如明嘉靖三十四年(1555)《六安州志》载:六霍旧隶寿春故也。寿州霍山黄芽、六安州小岘春,皆茶之极品。此后,贡量年年加码,到清嘉庆九年(1804),《六安州志》又载:天下产茶州县数十,惟六安茶为宫廷常进之品。明时六安贡茶,制定于未分霍山县之前。原额茶二百袋,弘治七年分立霍山县,产茶之山,属霍山者十之八,于是六安办茶二十五袋,霍山办茶一百七十五袋、国朝因之,康熙二十三年(1684),奉文增办一百袋,于是六安办三十七袋,霍山办二百六十三袋。有一首《竹枝词》生动描绘六安茶入贡情景:

春雷昨夜报纤芽,雀舌银针尽内衔。
柳外龙旗喧鼓吹,香风一路贡新茶。

封建社会,皇权至上,百姓习惯,向以皇帝好恶为标准。既然皇帝老爷喜欢六安茶,咱也就学做六安茶。于是经一段时间摸索研制,祁门新茶问世了。取什么茶名呢?聪明人说,我们学的是六安茶制法,跟霍山黄大茶几乎是一个师傅下山,一是仿竹篮烘茶,人家二人抬烘,我们架篮烘焙;二是仿竹篮装茶,人家毛火九干,趁热装篓,稍加紧压,我们是蒸热装篓,也加紧压;三是仿茶叶分级,人家有毛尖、贡尖、芯尖、雨前尖等,我们有贡尖、花尖、花香;四是都有药效功能,人家茶消食化积,我们茶祛湿消暑。当然我们也有不同,譬如工艺比人家多,再如竹篓比人家小，但人家名气大，何况我们与六安同属一省，借梯上楼，借船出海，何乐不为，对外干脆也叫六安茶，对内要区别，我们就去掉“六”字，叫安茶，抑或叫青茶。众人皆说好，尤其一些茶号，为便于销售，干脆在茶票中也以六安人自诩，如祁南龙溪汪镒余的正义顺号在茶票说：“本号向在六安提选真春雨前细嫩芽茶，不惜巨资，用意精制……”

祁门安茶从此远走他乡。其时为明末清初，朝廷闭关自守，国门未开，南市冷寂，北方京都当然热为第一市场，徽州茶商狠命推销，安茶很快红火，以致京华文人惊呼：“金粉装修门面华，徽商竞货六安茶”，乃至后来描写其时社会风情的《红楼梦》《金瓶梅》《儒林外史》等文学巨著中，也频频出现六安茶。

需要指出的是，明初所说六安茶，主要是霍山茶。后来范围扩展，逐渐延伸至金寨、六安以及祁门等地，含义也就开始

芦溪老街

芦溪古街旧址

变化。正如清末民初人徐珂编撰《清稗类钞·植物类》所载：六安茶，产霍山，第一蕊尖，无汁。第二贡尖，即皇尖，皆一旗一枪。第三客尖，即一梗两叶。第四细连枝，即一梗三叶。第五白茶，有毛者虽粗，亦为白茶；无毛者即至细，亦为明茶。徐珂为《辞源》编辑之一，乃学界名流，当无虚语。由此推测，清末民初六安茶相比康乾时期六安茶，产地范围又逐渐缩小，内涵相对较窄。至于现代有名的六安瓜片，那则是1905年前后才问世的，明显不属明末清初六安茶范畴。

还要说明的是，祁门与六安，从地理上说，虽同属一省，且其时兴许还叫江南省(安徽省未立)，然两地分属一西一东，行政区划并无任何关联，故有关祁门安茶名称来历，历来存在多说，可谓众口纷纭，百花齐放。本节所说，仅为百花丛中之小朵，权为一说，不乏推测，抑或臆想，正确与否，有待方家再考。

奔流而下的阊江河

清走广东成圣茶

芦溪码头古道

清康熙二十四年(1685),朝廷开放广州口岸,中国茶从此大批量走出国门。

广州开放,一时财富宏丰,商贾云集,奢华之习,甲于天下,无疑也成为徽州茶外销主渠道。徽州茶商乐此不疲,趋之若鹜,甚至不惜倾家荡产，远走广东。以致民间传说去广东赚钱，犹如河滩捡鹅卵石之易，俗称“发洋财”。

徽商向以盐、茶、木、典为四大支柱产业，茶处第二位。广州口岸开放，受国际市场的强烈拉动，徽州茶外销势头日趋增加，茶渐渐跃升到第一位，成为徽商经营重头戏和支柱产业。在此大潮推动下，祁门安茶当然也改弦易辙，从京都掉头南下，争走广东。乃至芦溪老茶人形象描述清末安茶走广东的利润是“一飘三”，即一元投入，三元产出，是为利益所驱之动力也。

安茶入粤路线，水陆兼程。先由阊江至饶州，出鄱阳湖，再入赣江达赣州；易小船溯章水而上，在南雄登陆，越大庾岭入粤界南雄，最后至广州、佛山销售，其后再由此转销于境外。输茶入粤一路漂泊不定，俗称“飘广东”，其中也有安茶在南雄至广州中途，便零星出者，可见其受欢迎程度。旧时入粤时间，通常在秋季。茶叶精制完毕，需去广东茶叶即装船外运，每船载量一般在100担许，往返时间通常为四五个月以上。据1960年许正的《安徽史学·安徽茶叶史略》载：清光绪以前，祁门原制青茶，运销两广，在粤东一带博得好评。从前产额约三千担左右，惟近来鲜有制之者。另新中国茶叶公司第一任总技师、前祁门茶业改良场场长胡浩川先生曾在祁门事茶15年，其于民国间撰《祁红制造》载：祁门所产茶叶，除红茶为主要制品外，间有少数绿茶，称安茶每年约二千担至五千担，专销广东。许、胡二人的数据，基本一致，清末安茶产量可见一斑。至于其时全县经营安茶商家情况,因史料欠缺,具体难考。幸有南乡溶口系安茶重要产地之一,该村《李氏宗谱》载,清乾隆至咸丰年间,仅景石村李氏家族业茶商家就有李文煌、李友三、李同光、李大镕、李教育、李训典等数十人,他们贩茶浔沪、远客粤东。一叶知秋,据此全县情况,略知一二。

安茶之所以在广东立脚,最大卖点在于其以陈为贵,陈而不霉,越陈越香,茶性温良,有祛湿解暑功效,非常适宜此湿热地区饮用。尤其民间传说其初到广东,曾被医家入药,降伏瘟疫,立下汗马功劳,不仅可作饮料,且被尊为"圣茶",常作药引使用,销售很快扩展至整个广东、港澳台、东南亚。

茶走千里,茶名大盛,茶香百年,茶韵依稀。以致时至今日,台湾地区仍习惯称安茶为安徽六安篮茶,东南亚侨胞称为安徽六安茶、徽青、普洱茶的远房亲戚,港澳人称为安徽六安笠仔茶,或陈年六安茶、旧六安、老六安,广东人称为矮仔茶。

芦溪码头挑茶一瞥

民国战火断茶烟

安茶到民国，市场日大，但产量起伏不定，时有变化。据民国二年(1913)的义顺茶号底票云：

启者，自海禁大开，商战最剧，凡百货物非精益求精，弗克见赏同胞永固利权。本号向在六安选制安茶运往粤省出售，转销新旧金山及新加坡等埠，向为各界所欢迎。

说明此时安茶不但运销南洋，已远走至欧美等国。再据杨进发《新金山——澳大利亚华人1901—1921》一文载：1918年，悉尼中华商会从国内购买茶叶，其中有六安茶200箱(每箱60

磅)。寥寥数语,披露巨大信息:民国前期,安茶市场广阔,此为一瞥。

到民国中期，据祁门本土对茶事研究颇深的倪群先生考证,1931年安茶产量约1600担,1932年约650担,1933年约2000担,1934年约644担。另据时在安徽身茶叶管理处供职的傅宏镇先生《祁门之茶叶》载:(1933年)该县所产除制造红茶外,尚有少数安茶之制造,为数仅二千担,专运两广销售。又民国二十六年(1937年)《中国茶叶之经济调查》载:祁门安茶行销广东,产额约三千担左右。

傅宏镇先生的《祁门之茶叶》还载:1932年全县茶号182家,其中安茶号47家。其号名多用“顺”“春”命名,故民间有“三顺”“四春”之说,其中除孙义顺名声显赫外,其余“两顺四春”所指并不明朗。或许确有所指,或许因时而异,详情不得而知。这些茶号有一共同点,即基本沿阊江两条主要河流,即大洪水和大北水中下游两岸布局,兴旺景象,非同一般。具体详情如下:

大洪水下游流域:

南乡溶口12家：向阳春·经理胡凤廷、李恒春·经理李竹廷、胡季春·经理胡达明、玉壶春·经理胡皎镜、胡广生·经理舒瑞云、历山春·经理胡绍虞、胡占春·经理胡制周、胡祥春·经理胡培本、胡锦春·经理胡肖昭、胡元春·经理胡占开、胡万春·经理胡速周、胡义顺·经理胡守中

南乡店铺滩5家：孙义顺·经理汪日三、新和顺·经理江启华、向阳春·经理江伯华、胜春和·经理汪旭芬、汪怡诚·经理汪礼和

南乡奇岭4家：郑志春·经理郑志春、郑镜春·经理郑达章、长春发·经理李龙章、郑霭春·经理郑霭瑞

南乡芦溪3家：汪鸿顺·经理汪醒伯、孙同顺·经理汪俊伦、汪赛春·经理汪西如

南乡严潭3家：王德春·经理王佐卿、王大昌·经理王大中、王瑞春·经理王烈春

茶商老宅

南乡查湾2家：汪锦春·经理汪锦行、一枝春·经理汪素珍

南乡景石2家：李雅春·经理李思甫、李鼎升·经理李樆藻

南乡贵溪2家：胡永昌·经理胡志川、长兴昌·经理胡远芳

南乡倒湖1家:康秧春·经理康律声

大北水中下游流域:

西乡历口8家:汪永顺·经理汪润昌、济和春·经理汪济澜、王占春·经理王秀光、汪先春·经理王锡惠、汪志春·经理汪渭宾、振铨春·经理王振文、许茂春·经理许锡三、映华春·经理吴烈辉

西乡石门桥2家:廖仲春·经理廖子芳、廖雨春·经理廖子钧

西乡箬坑1家:同和春·经理王伯棠

西乡何家坞1家:方复泰·经理方柱丞

西乡渚口1家:锦江春·经理倪鉴吾

另据1933年《祁门茶业改良场报告》载,其时祁门茶商公会会董共42人,其中安茶茶商有6人,分别为溶口胡绍虞、景石李思甫、查湾汪锦行、箬坑王伯棠、历口汪渭滨、店铺滩汪日三,占七分之一份额。同时期,祁门教育经费也以茶捐收入为大宗,其中有二种:一为乡镇捐,为学校用,安茶每件收洋一角二分五厘;二为县捐,为县教育局用,安茶每篓收二分五厘。由此可见,其时安茶实力,在县域经济中有不容忽视的地位。

小小一片叶,命运连世界。1937年,抗战爆发,时局动荡,香港、南洋被日军占领,皖南也处于战火包围之中,安茶运路中断,销售无着,随则停产,乃至从此偃旗息鼓,销声匿迹,逐渐淡出人们视野,沉睡难醒。

最后一批安茶从祁门外运出境,为祁门茶商程世瑞。其在

50年后回忆当年情景，依稀在目：

1946年2月，我从上海冒很大风险，携带大批现款，从新安江水道经屯溪回到祁门，以备经营我的3家红茶厂筹备工作。有一天，县参议员郑文元，带着严塘王时杰等5人来访我。稍事寒喧，便提到真正来意：原来严塘有一家世代经营的安茶号，主人王基嘉，牌号王德春。他在1937年制成安茶300担，因抗战发生，无法运去广东，存放家中已有8年之久了。不幸王基嘉在本年正月被土匪绑架去。土匪熟知他家经济情况的，知道除300担安茶外，别无财物。因而送信来提出条件，只要王的家属把这批存茶卖掉，得款多少，悉数送去，便可放人。并且规定售出茶价，每担不得少于800元。价款要法币，需一次性付清。消息传开，垂涎这批安茶者很多，但都苦于两个大困难，无法解决！一是300担茶价，按800元一担计算，需要一次付出现款24万元。数虽不大，但在当时全徽地区现金奇缺的情况下，别说私人筹不出，就是当时祁门4家银行(农民、裕民、安徽、县行)的库存，也拼凑不出这么多现金来。二是买下这批安茶，必须立即运走，估计运到广东佛山镇，需要运费、茶税、杂支等共约50万元。因此无人敢来染指问津。两个月过去了，土匪也很发急，威胁王的家属，如果不设法在1个月内来赎人，便要撕票。并自动把茶价减为500元一担。因此王的家属特请王时杰5人来城推销，先找郑文元求售。郑因自己无此力量，故把他们5人带到我家来。经说明情况后，我断然予以拒绝。其原因并非是前面所提的两大困难，对此我是能解决的。我最大担心是这批茶的质量问题！根据来人所说这批安茶情况，仅采用两层竹篓包装，制成时间已长达8年，何况当地气温高、潮湿大，恐怕早已霉烂不堪，变成一篓篓烂叶了。价格再便宜，也不能花钱去买垃圾啊！于是我直率地把我的顾虑告诉他们，表示无意接受这宗交易。他们听完我的话后，立即从布袋里取出两小篓茶样来，当面拆开给我看。打开篓盖，上覆一张“巴拿马万国博览会”的奖状，还有一张大红纸印的茶叶广告，舍此别无它物封闭。取出茶样，整整一个随圆型的茶块，呈黑带青色。没有发霉变质，闻之尚有清香味。立即从茶块上，剥下若干叶子，用开水冲泡，味稍苦涩，茶汁乌红色，叶底呈青色，另具一种茶香味。不同于祁门的红茶和绿茶，与六安茶的差别更大。我对安茶是门外汉，什么也不懂。请来几位有经验的茶商和制红茶师傅，他们也鉴别不出茶的好坏。但有一点，大家的意见是一致的，那就是这批安茶，没有发霉、没有变质。同时大家对这种茶叶简陋的包装，而能保持存放8年之久不坏，都有感到是一件不可思议的事！来的5人中，有一个是王德春茶庄的老职工。据他介绍说，一般的茶叶，都以新鲜为贵。唯独安茶与此相反，它是愈陈愈好。经营安茶，制成后必须存放3年以上，才能运往佛山去出售，转口输出国外。他们有专门茶师，能检验出成茶的时期。当年的新茶是没人要的，两年的茶也不欢迎，只有存放上3

年的茶才合格，当然越久价越高，这就是安茶所具有的特点。我当即派人随同他们回严塘，把全部安茶，统统开篓检查：结果完全与样品相符，无一变质。于是双方正式立约成交，由郑文元作中证人，我当即把全部茶价款一次付清，并另送王基嘉1万元，表示我对他家此次遭遇不幸的慰问。5天后，土匪收到款便把王基嘉释放。王回到家，为了感谢我及郑文元给他的帮助，亲自来城看望我们，并把佛山镇兴业茶行历年寄来的信交给我，王说佛山这家茶行和王德春已是几十年的老主顾了。信用卓著，历史悠久，叫我把茶运去托付他，一切都会得到帮助的。并建议我速把茶运走，以免夜长梦多。运转茶叶，仍走老路即由严塘用人工挑运来板石村装船，沿阊江顺流而下到鄱阳县，载大船横渡鄱阳湖，再溯赣江直驶赣州，经大余县登陆，发交夫子挑越大瘐岭至韶关，便可装火车直达佛山镇了。我依他的建议执行，历时3个多月，至7月便把300担安茶运到佛山，当然落脚在兴业茶行内。茶余酒后，茶行区经理兴高采烈地和我闲谈起来。我又向他提出第二个问题：贵省也出产茶叶，为什么不自制安茶呢？区经理说："这事也怪！不但我们两广产茶，就是靠近广东的湖南、湖北、江西、四川等省，也有茶叶运来此地发售。但品质总不如'祁门安茶'。特别是在南洋各地，人们喜饮'祁门安茶'已达到迷信地步，留有许多神奇的传说。使得当地许多人，不仅把它当作饮料，而是奉为治百病的灵药呢。像您此次运到的安茶，别说300担，1万担我也可以保证立刻卖光，只可惜货太少了。”最后，区经理向我建议道：“尊茶最好即日运去香港，我们在那里设有分行。一切转运手续，都由敝行代办妥，不用你劳神，因为这批安茶来到，已经轰动此地各茶行。明天他们将会一一来邀请你赴宴，你将无法脱身，对销售就麻烦了。我为你考虑，我宁可不要一文佣金，也不能使尊茶经济上遭受损失。为此，我明早想派人先把你送去香港，我和你的押运员带着茶叶随后即到。”我对此毫无异议。我到香港，住在九龙弥敦道兴业茶行办事处里。9月上旬，区经理偕同押运员叶硕和一同把全部茶运到香港。次日分行负责人欧先生向区经理汇报说：“香港想买这批安茶的南洋客很多，我已初步和他们联系过。出价都很高，但听说新加坡的茶价更好。请老经理和程先生商量一下，是在香港市场抛出，还是直运到新加坡？”区经理问我怎么办？我说：“我在上海的事情还很多，这是抽空来一趟香港，实在没有工夫再去新加坡了，就请区经理和欧先生在香港抛出吧！”他两位见我主张打定，便分头和南洋客接洽，征得我同意后，终于以240美元一担的价格，全部售给新加坡的茶商，附带的条件是一切应付给兴业茶行和费用和佣金，全由买方承担。于是这笔长达半年的买卖，就此圆满结束了，总算完成了历史交付我最后一批安茶的运销使命。

新时代涅槃重生

新中国成立,中国茶叶走的是计划经济路线,统购统销,安茶无人提及,似乎被忘记。

1978年改革开放,百废待兴,一个新的时代降临。此后的第六个年头即1984年,国务院下达75号文件:除边销茶外,内销和出口茶叶一律实行议购议销。中国茶市从此彻底放开,实施了二千余年的茶叶专卖制度宣告终结。恰这时,华侨茶业发展基金会关奋发先生寄来安茶,恳求复产。境外市场召唤,国内政策宽松,给安茶有了涅槃重生的可能和机会。

关先生所代表境外茶客的愿望经安徽省茶叶公司辗转,不久由徽州地区茶叶公司送达祁门县领导案头。其时祁门为贯彻落实国务院

75号文件精神，大刀阔斧改革，县茶叶公司被确定为发展茶业的主力军，祁门茶厂、乡镇农技站等均划为其管辖，恢复安茶生产的任务责无旁贷落到县茶叶公司头上。

县茶叶公司立即安排经费，抽调人员，组织精兵强将开始攻关。经甄选，他们挑出由闪里农技站茶叶技术干部郑纪农牵头，去孙义顺故乡芦溪店铺滩寻访老茶人，作恢复实验。安茶涅槃复生的试产、办企业、扩大生产的三部曲，从1985年开始揭开序幕。

郑纪农5月到店铺滩，很快找到孙义顺后人汪寿康。寿康为汪日三之子，1926年生人，自幼出身茶家，对安茶生产过程耳濡目染，十分娴熟。然毕竟其时年纪尚小，即使到1937年抗战爆发，芦溪安茶全部停产，其也不过十多岁，可以说是从未亲自操作过制茶。而今年近花甲，试制安茶，难度可想而知。好在对于安茶制作工序，寿康及其汪氏怡大店一房族人烂熟于心，他们与纪农首先从工艺入手，通过走访老茶人，逐项回忆，问口述，作记录，一道一道，一环一环，经过无数个日夜，14道工序基本整理完毕。尔后，进入实战阶段，寿康与怡大店族人翻箱倒柜，找出昔日茶具，每家提供生叶几十斤，在郑纪农带领下开始在家中试验做茶，经无数回合，揣摩思考，反复试验，终于制出首批样品百余斤，取出部分立即派人送往省茶叶公司，其余分留各家保存。省茶叶公司很快将茶送达香港。港人再见安茶，高兴异常，然一试茶味，感觉尚远。意见反馈回来，纪农与寿康等再次苦战，二批样品成功，于1988年再次送检，然意见反馈，还是不行。于是第三次再试，如此不断研制，不断反复，新安茶在摸索实验中渐现雏形。同时期，随着全国茶叶市场放开，各地名优茶蜂拥而出，祁门红茶由于受销售体制和国际市场制约，暂陷困境，为增加茶农收入，解决茶农卖茶难问题，县里倡导乡镇实施“红改绿”，并从茶改费中拨出专款给予扶持。各乡镇加大力度发展名优茶，芦溪乡企业办公室汪镇响等决定因地制宜，也开始投身安茶复产实验中。终于到1992年，第三批安茶样品送到广东佛山山泉茶庄，交到一位叫傅锡球老茶师手上待检。傅茶师原为国营企业职工，退休后由茶庄返聘，其年轻时不但卖过安茶，且亲自见过当年经营孙义顺安茶的湖北籍茶商黄老板，甚至记得黄老板所经营的北胜街广丰茶行的位置在当今佛山市长途汽车站背后地带。而今年届古稀见到安茶恢复，当然高兴异常，品试茶味，感觉极好，与昔日安茶几无异样，顿时高兴得手舞足蹈。山泉茶庄当即收下全部安茶，双方谈好暂时待售，待后看看市场反应再说。不久，山泉茶庄反馈消息，消费者反响较好，尤其老茶客更为高兴，新闻媒体等也开始介入，广东省电台报纸均有报道，认为安茶复产成功，是为喜讯，当向纵深发展。同年，安茶参加安徽省名优茶展，获优质特种茶奖誉，并通过国家农业部茶叶质量监督检验测试中心鉴定，获《检验报告》，安茶复产完全成功。

天时地利人和，其实也是生产力。正当祁门茶业“红改绿”

浪潮如火如荼，安茶复产曙光初现的时刻，也是全国各地大办乡镇企业的时刻。就在这种背景推动下，芦溪乡第一家安茶企业开始筹备，躁动于母腹之中。该茶企以芦溪乡企业办公室主任汪镇响任厂长，孙义顺后人汪寿康为茶师，于1990年注册，次年挂牌开业。然万事开头难，安茶虽得以恢复，但毕竟中断多年，市场知晓度几乎为零，再加复产尚在襁褓，技术逐步完善，质量不时波动，茶走广东，开售势头并不好，新办茶厂一度陷入困顿。1991年6月为方便贷款，茶厂法人更换为专跑销售的副厂长。次年，为摆脱困境，汪老板独自承包经营，当年生产安茶4000公斤，但仅销售2500公斤，复产进入最为艰难时期，此后生意时好时坏，起伏不定。然汪老板努力坚持，广辟销路，持之不懈。继与山泉茶庄成功开展生意后，又先后走访广东进出口公司及多家下属单位，其中土产公司有27家茶庄和工厂，规模较大，每年开订货会，公司均邀汪参加。同时，汪又深入到华侨居住较多的区域，结识一家叫欧庄茶行经理，几经接触，两人年岁相当，好烟厌酒习俗相同，于是一见如故，安茶很快进入其销区。再后汪又与南海县土产公司开展业务合作，几年后经理告知：经常有人来买安茶了，一买就是几

1992 年安茶

十斤，且顾客固定，看来市场已经少不了安茶。如此经多年拓展，安茶销售从每年几千斤，逐步扩大到过万斤，影响日趋见大。至1996年，经过多年摸索的安茶，不但生产技术基本成熟，再经多年储藏陈化，质量也日趋稳定，市场认可度大为提高。其中尤其是广州茶商陈某，其携1992年安茶尝试出口南洋，一举打开境外市场，商家电话频来，开始向祁门要货，安茶企业迎来生机，至1997年，安茶外售量几近2万斤。

机遇就是财富。芦溪乡当机立断，决定乘势而上，扩大生产规模和影响。成立以孙义顺命名的安茶厂，目的在于传承历史品牌，延伸安茶文化，同时注册孙义顺商标。从此安茶复产进入快车道，销售势头日趋看好。

雾中采茶

不久，安茶市场再遇两次契机。一是2003年,因非典流行，广东地区民众从安茶可消瘴的历史经验出发,纷纷购茶以作防范,致使安茶大为畅销，乃至供应断货。广东电话过来,芦溪发货过去，不但保证质量,且坚持价格不变。用法人汪镇响的话就是:做茶先做人。今年价格决不能加一分钱，我们不发国难财。话虽夸张,然掷地有声,真情流露,纯朴厚道有爱心,折射出安茶人心系天下的境界和情怀。二是2004年12月26日,印度洋发生海啸,突如其来的灾难给东南亚各国民众造成巨大人员伤亡和财产损失。尤其以海洋为生的渔民,纷纷以传统方式消灾,购置大量低档安茶与其他物品一道投于大海,以求海神保佑,从而带动安茶销售。市场大开后,不少客户开始直奔芦溪而来。再后,随着国内茶叶市场的细分,普洱茶一度火热,几年后回归理性,一批思维敏锐的高端爱茶人开始将目光转向老安茶，购买收藏安茶者日趋增多,安茶知名度又从广东、港澳台和东南亚一带,逐

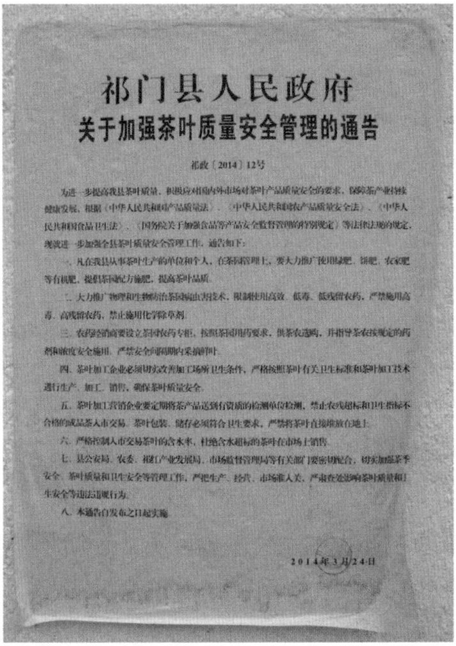

政府通告，旨在保护环境和资源，提高质量

渐扩展到国内北方和日本、韩国、美国等市场，安茶逐渐迎来春天。

2013年，安徽省批准安茶实施省级地方标准。同年，安茶制作技艺被列为安徽省第四批非物质文化遗产名录；国家质检总局批准安茶为地理标志保护产品，安茶生产日益受到官方重视。

2014年，芦溪乡安茶生产者汪镇响等人被安徽省评为非遗传承人。

阊江宽阔水面

戊
说事之章

民间珍藏老六安

新世纪，新茶象。自2004年许，国内兴起普洱茶收藏热，疯狂一时。几年后，高潮回落，理性复归，一些睿智茶人开始将目光转向被称为普洱远方亲戚的安茶，如出版的《中国普洱茶百票图》，其中就有不少安茶票。安茶由此开始走红，尤其老安茶更被茶界藏界追为热宠，身价大涨。受此风潮影响，台湾、香港等地一批早年安茶逐渐浮出水面，犹如黑马悄无声息跃市，吸人眼球，诱人热捧，且逐日升温，经久不衰，引发佳话趣事多多，不胫而走。

据2007年台湾《茶艺·普洱壶艺》载，目前民间浮现的老安茶，虽数量不多，但珍品不少。如五票孙义顺、三票孙义顺、康秧春、郑霭记、胡天春、廖雨春、王伯棠、胡广珍、义顺号等，均为正宗道地祁门产安茶，坊间罕见。另有产地不明的无飞(票)六安茶、八中飞(票)六安茶、解放六安茶、文革六安茶等，也是奇货，殊为珍贵。现择港台两地几款重要奇珍简介如下：

【五票孙义顺】

该茶为香港新星茶庄杨建恒先生所藏，因茶中藏五种票据而名。据媒体披露，杨先生所藏此茶不是一篓，而是一条。即两篓一组有三组，共计六篓。外为篾条捆扎，包浆浑厚，放射迷人的沧桑韵味，且完好无损。

五票具体指面票、腰票、底票、农商部注册证明、南海县衙公告。其中面票为红纸黑字，腰票为白纸黑字，底票、农商部注册证明、南海县衙公告均为白纸黑字。五票均为雕版印刷，各有不同格式，其中以面票、腰票、底票最具特色。面票为上端裁角的长方形外框，内印文字；腰票以翻卷竖条书页状为底，上印文字；底票图案更加精致，油光纸上部似为双龙戏珠，捧就正中“孙义顺”三字。下部四周似为花卉，围就中间文字。各票字体除底票为宋体外，其余四种皆为楷书，其中农商部注册证明甚至盖有方形印戳。

五票的文字内容，以底票最为重要。其正文如下：

具报单人安徽孙义顺安茶号，向在六安采办雨前上上细嫩真春芽蕊，加工拣选，不惜资本。向运佛山镇广丰行发售。历有一百五十余年。近有无耻之徒，假冒本号字样甚多，贪图影射，以假乱真。而茶较我号气味大不相同。凡士商赐顾，务辨真伪。本号茶篓内票三张：底票、腰票、面票，上有龙团佳味字样，并秋叶印为记，方是真孙义顺六安茶，庶不致误。此外，票旁另著：本号并无分支及加新庄、老号做正义顺等字，假冒本号招牌，男盗女娼。新安孙义顺谨启。

据藏家杨先生对此茶整体解读，多年来，孙义顺安茶本就十分稀少，在存世不多的茶品中，大部分都为三票，能见到五票，属于珍稀仅存，堪称奇迹。此款茶不但竹篓外形是典型的古法手工制作，既宽且扁，竹篾细嫩，编织有序。更有妙绝之处，可谓是暗藏玄机的谜团：一是底票所说"秋叶印为记"一句，并非戏语，抑或官样文章，而是真切附有实物，这就是暗藏于箬叶下的一枚树叶，不仔细翻检，很难发现；二是面票和腰票上，均有暗淡朱砂印痕，即相当于今人的水印，虽经长时间光阴啃咬和纸虫蛀蚀，难以察觉，然仔细辨析，"义顺字号"四字依稀可见。管窥一斑，从中既说明商家防伪手段之高明，也验证其时商战竞争之激烈。

此茶中所藏票据，共计五张，是目前发现的老安茶中藏票最多者。不但系统完整，且依据农商部存世时间，以及外包装氧化层厚实等内容判断，该茶制作时间应为民国初期，即也是当今存世最久的安茶珍品。

【三票孙义顺】

三票孙义顺也为杨建恒先生所藏，其茶条包装，外皮有“新安孙义顺字号六安”字样，内为传统椭圆竹篓，宽阔而略扁，扁平程度与后来大不相同。竹篓篾质细嫩，但编织较粗疏，致使茶篓稍许松散。尤其里面箬叶硕大，质地较老。尤为特殊的是，三张茶票均埋在篓内，只有打开箬叶才能发现。置放茶中的三张茶票，两两对折，规格和纸质均不同，一为防伪油光纸的南海县衙公告；一为红色文字简介；一为稍厚纸质双面印刷品，一面似为底票，另一面为农商部注册证明。

据亲自参与品鉴的台湾陈淦邦先生评价，打开茶品，就有一股清爽的微药之气扑面而来。细审茶芽细嫩，黝黑亮泽，是陈化多年才有的效果，耀目动人。开汤冲泡，注下热水，明显药香便一拥而上，显出陈中之陈的风范，是孙义顺独霸天下的特征和资本。汤色红艳透彻明亮，用葡萄酒形容，最为贴切。汤味细腻，软而细滑，清爽又厚重，微甘带甜。香气清幽而幼细，啜饮醇和生津，有令人神往的境地。饮两杯过后，不再是口感的享受，而是身体全部被茶气贯通，领略灵草真性，心灵超越品饮境界，进入养生殿堂。叶底泛亮紫铜色，光泽一样诱人。

此款茶票稍少，摆放似乎也不按规矩出牌，显得很随意。加之包装又略显粗放，给人感觉制作时似乎急促浮躁，认真程度不够,是否与其时代背景有关呢。倘若推测成立,即此茶可能是民国动荡时期的茶品。

【康秧春】

此茶茶条为篾扎,篾片书有“新安祁门康秧春字号”规范楷体。内部竹篓扁平椭圆规整,竹篾带光泽,强劲有韧性。编织疏密恰到好处,胡椒眼明显。箬叶铺放也非常工整,极富生命力。茶篓中置放两张茶票,雕刻均精细。一为农工商部公司注册局证书复印件,桔红印色,四龙攀附周围,中间文字规整,落款时间:宣统二年(1910)十月;一为油光纸底票,上部双童捧横幅,最上为“康秧春“三字,中间为”正义顺“小字,再下为”地道六安茶“五字。下部山水人物图案,围就中间文字:

启者义顺安茶字号,分歧已久,究竟名同实异,产有美劣,采有早迟,茶经分别甚明,实因在茶,不在字号。若如贱夫求登垄断,疑贩借助招牌,皆为未审。本号正义顺茶,先择产采,必谷雨前,气味香美,自胜寻常茶,向有其实,因之字号,得有其名。乃有专意招牌者,此字号更多袭同,因恐涩混,本号于是茶篓内面票上有加官又有康秧春三字为记,区别美劣。并声明主专运广东佛山镇西竺街诚泰行发售,外无分支别行代沽,赐顾诸尊到行购茶,请细认记本号字号购茶,可免混误,特白。

此茶也为杨建恒先生所藏。杨先生评点此茶，认为选料上乘，幼嫩细芽，交错似银针，色泽黝黑明亮，丝毫不逊色于孙义顺。茶汤香气清爽，清甜可人。汤色红浓，轻啜即感茶气之足，甜度之高。汤汁细滑，微甘舒适，带人至另外境界，真切有“六碗通神灵，七碗吃不得，唯觉两腋习习轻风生”之感。叶底紫铜色亮，光泽诱人。

查民国二十二年(1933)史料载：康秧春坐落南乡倒湖，经理康律声。从其原料、包装极其规范严谨角度看，此茶堪属古董级极品。另外，其底票文字也很儒雅，绝无通常所谓“男盗女娼“之类骂人之语，显示茶号老板修养深厚，品味不凡，审美意识强。综上所述，推测此茶当为太平盛世茶品，估计属该号早年茶品。

【郑霭记义顺号】

此茶也属杨建恒先生所藏，茶条外有篾扎，篾片以毛笔书写“新安祁南郑霭记义顺字号拣选“字样。内部茶篓为传统的椭圆形，但体积较扁稍大，几近长方形。竹篾幼细，且紧密不疏，几乎看不到胡椒眼，箬叶质地也老。打开茶篓，只有一张茶票，即底票，印刷不够精美。其上部图案为双狮戏彩球，球中有四字：瑞印提庄；下部四围为山水人物图案，上端有六圆，内书：郑霭记义顺号，下端为甚密文字：

启者，近来义顺牌号随地皆是，唯我义顺，与人迥别，以垂久远起见。采摘得时，制造得法，开创以历有年，销场□□，非徒射利者比，迩来人心狡诈，射利者众，罔顾卫生损益，只求收入□□。本主人有鉴于此，故特□除众□，不图票式精美，只辨货色优劣。中外诸君赐顾，请试茶味真伪自分□。本号加用□□唛头，有霭记义顺□记，覆盖茶面上，庶不致误。新安祁南瑞印郑霭记义顺主人谨启

此款茶选料比较粗糙，看相一般。开泡茶汤为橘红色，细软致绵，有滑、醇、顺、厚质感，带微甘之味，其中以甘味较为明显。但由于选料较粗，水质有糙感。叶底紫铜色，光泽动人。

无论选料，还是包装，此款茶均呈粗放状态。由此推理，可能受社会动荡因素影响较多，商家实力不足，故此茶可能也是民国间时局不稳的产物。遗憾的是，此茶商家究竟出自祁门何地，现已难考。依据民国二十二年(1933)资料中，有郑霭春、郑志春、郑镜春安茶号均属南乡奇岭的史实推测，郑霭记义顺号很可能也是奇岭茶商。

【无票安茶】

此茶为台湾资深茶人陈淦邦先生所藏。先生依据竹篓编织风格、茶品陈化程度，以及叶底判断属于二十世纪八十年代早期至中期茶品。因篓内无飞(票)，故名。其竹篓编织相比较

此后风格，显得稍大，宽阔而略扁，但比三票孙义顺篓稍高，编织密度也稍疏。

篓内所盛茶叶，条索较为细嫩，茶芽不多，叶片粗大，非上等原料，然茶梗也不明显，带明显陈茶之韵。注水开汤，汤色红浓透彻，味觉清新清爽不腻，但口感略觉粗糙，不及民国初年上品安茶细嫩幼滑。然因年期已足，故依旧有陈香泛出，饮后两颊生津，舌底微微甘苦，须臾转为甘甜。叶底规整，呈铁锈红色。

此茶应不是正宗祁门所产。推断理由有二，一是即使二十世纪八十年代中期，祁门已着手复产安茶，但尚处襁褓之中，真正合格茶品，直到1992年才正式面世，而该茶出在此前；二是祁门安茶通常均遵循传统规矩，茶篓中必放茶票，此茶无票，似乎不是祁门安茶的作派。至于此茶到底产于何处，暂属谜团，有待方家再考。

【八中票安茶】

此茶为台湾陈淦邦先生所藏。竹篓编织手法奇特，形状椭圆，但篓身稍高。其更为特殊之处，在于篓中埋有一张八个“中”字围就一“茶”字的内票。八个“中”字红色，构成圆圈，形似月饼，中间“茶”字绿色，二者均为黑体。仅此而已，别无其他内容。

篓内茶叶细嫩，面上有一股温柔陈香。开汤汤色红艳照人，入口清甜，清爽不腻，比无票安茶更加幼细平滑。在爽滑

八中票安茶·采自网络

中又不失活性,微甘带明显爽劲,两颊虽感微苦,但有安茶特质,即清爽怡人的陈香口感。茶气十足,略饮两杯,即出轻汗,胃感也好,并泛轻微药香,表明茶龄不浅,为新时代年轻安茶所无法比拟。叶底幼嫩不粗糙。

八"中"字图案,乃中国茶叶公司特有符号。据此陈先生判断,此茶是中国茶叶公司第一批实验品,时间为二十世纪八十年代初期。如此说,此茶亦非祁门所产,且不是私人茶企制作,而属国营茶企出品。但具体产地何处,仍是谜团。

仿制安茶知多少

祁门安茶自明末清初问世，一路走来，至1937年抗战爆发，戛然而止。再到1992年复产，其间中断整整55年，形成真空，超越半个世纪，可谓中国茶事奇观。

死而复生称奇观，不愿死而求假生更是奇观。后者奇观，即指形形色色仿品，乘虚而入，蜂拥而上，居然也将市场喂得哼兹哼兹，幸福得一塌糊涂。

市场犹如汽车，起步必须加大马力发动，然一旦跑起来，就有惯性，想停也停不下来。安茶有同样道理，抗战炮火迫其停产，然市场需求仍旺，欲罢不能。为满足市场欲望，解决民生所需，抑或说受利益驱动，于是各种仿品应运而

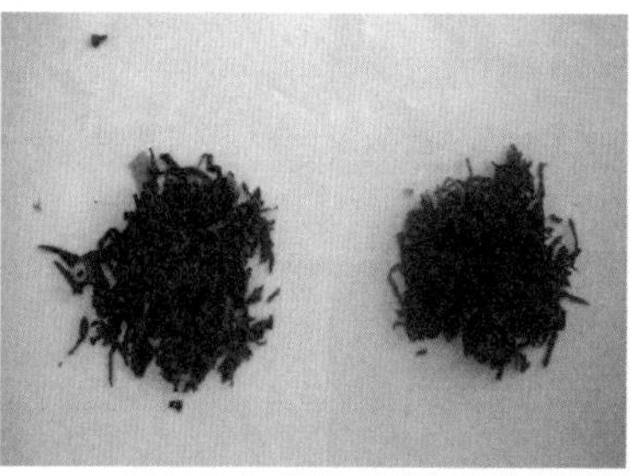

祁门安茶叶底(左)、仿制叶底(右)　祁门安茶样茶(左)、仿制样茶(右)

祁门安茶(左)、仿制安茶(右)　仿制茶竹篓稍高

生,且经久不衰,诸如香六安、六安骨、解放(新中国成立初)安茶、八中票安茶、"文革"安茶等,品种多多,不胜枚举。

存在必有合理性。市场经济是竞争经济,仿制也是竞争手段之一,古来有之,天经地义,积淀丰厚,蔚为大观。如明人黄德龙《茶说》云:杭浙等产,皆冒虎丘天池之名,宣池等产,尽假松萝之号。再如旧时祁门安茶底票多云:近有无耻之徒,假冒本号字样甚多等。虽带贬义,且属古例,无须问责。而现代范例更多。如普洱仿制各种老号:同庆号、元兴昌等。近年更疯行一种亿兆丰号,起拍价就是每饼500万元。其实此号为祁门塔坊茶点牌号,笔者曾于茶书中披露其商标式样,不意被人盗用。再换个角度说，产家断供，买家需求，巧家急人所急，想人所想，仿茶品投放市场，解燃眉之急，调供需矛盾，特立独造，天马行空。诚然，若仿者公开声明自属仿制，可能更好。

安茶以孙义顺最为流行，名气最大，故仿制最早，仿品亦多，且工艺相当高超，令人真假确难分。2007年冬，台湾茶界曾搞过一次孙义顺安茶原件拆封活动。原件为一大蒲包，外观封皮从上到下有五行繁体黑字，标注身份，内容依次为：徽青、毛重3□8公斤、净重□8公斤、NO87、中国茶叶出口公司。拆开蒲包，则见捆绑完整的茶条，上有毛笔书写：新安孙义顺字号□□。解开茶条，则见茶篓，拨开箬叶，则见茶叶，以及藏埋于茶叶中的4张茶票：红纸腰票、白纸底票、白纸南海县衙公告、白纸农商部注册证明等，其上均赫然印有“孙义顺”牌号字样，似乎正宗道地孙义顺无疑。然而，据在场茶人分析，新中国第一批简体字出现在1956年1月28日，此茶外封是繁体字，由此推断此茶产在1956年1月前。然他们又认为，据档案资料显示，中国茶叶出口公司存在年份为1956年1月至1960年12月，由此推断，此茶出产当又在1956年1月之后。如此忽前忽后，构成谜团，令人难解。此外，笔者还认为，新中国成立前，孙义顺安茶基本由私商外售，且于民国二十四年(1935)停产，何以会到新中国成立后才交由国营茶企销售呢？其中云遮雾挡、扑朔迷离的故事，究竟该如何解读，着实令人费解。当然，此茶毕竟是老茶，包浆和茶票的沧桑感，均很到位，再加茶品不失老六安风味，值得肯定。所以，台湾茶界才得以为之倾注丰富情感，大品不辍，乐此不疲。

此外，台湾陈淦邦先生也有购买仿品的经历，其在“孙义顺品茶记”一文中说：

这种笠仔，初学的茶友，要最为小心，虽然它有显著的与20世纪80年代外表相近的小竹篮，但内里的茶叶，实则只是一般的熟普洱茶。这是一笠实实在在的反面教材。由于售茶价格高，不少店家不许打开试茶，尤其是笠仔六安，因为翻开了竹叶就失去了原封。笔者付款购买一笠作样本后，打开后就立即知道答案，因为从配茶的风格看来，茶条根本不是六安，而且配有不少茶骨者，怎么说都不会是上乘的六安笠仔，而且旧六安茶的那种条索幼细分明，看多了就会有所感应，这一笠成为了笔者寻茶路上的一个教材。虽然内里的熟普洱有点年份，也不算难喝，但始终它只是熟散茶，茶友也不值得花几百元甚至上千元人民币去做尝试，口感更不值得浪费篇幅去形容。

除孙义顺等高端仿品现身较早外，安茶停产后，因商家一般均有库存，在陈化滞后的周期作用下，头几年市场基本可以应付，影响不大。然随时间推移，安茶断货逐渐显现，空洞降临，渐渐地香六安、六安骨等中低档安茶仿品开始浮现,努力补洞,且很快充斥市场。

香六安是香港老式茶庄自行调配的茶品,所用材料:云南普洱散茶、米籽兰花苞(一种小花植物,花苞颜色微黄,有香气)、中间混红茶碎、绿茶碎,紧压在小竹篮内。此茶过去属茶店处理的低档茶,因茶味不俗,流行数十年,一般中下阶层消费者皆欢迎。真安茶断供,以其应付,权属无奈。此状况一直坚持到二十世纪七十年代,关于香港自行制造这种六安茶,新星茶庄的杨建恒先生现在仍存有内票,遗憾是无茶品了。

六安骨乃早先香港茶商,对所购安茶进行精细加工后,将选出的茶梗焙火后,廉价外售,因滋味较为芳香甜润,故美其名曰:六安骨。此茶见梗不见叶,似乎很神秘,其实整体就是茶梗茶,干嗅气味有火香,汤味温顺,然一直受下层草根,尤其平民和渔夫一族热烈欢迎和高度青睐。此茶畅销香港,风靡一时。二十世纪五六十年代,其时港人生活艰难,许多家庭囊中羞涩,只好购此六安骨,以供家庭大壶茶选用。据台湾何景成先生介绍,安茶断供,六安骨支撑市场,可以说是功不可没。遗憾的是,到二十世纪九十年代,此茶遽然消失。茶客四处寻找,终于在一偶然机会得知茶品来历和消失原因:原来六安骨原料,并非原先安茶茶梗,而是安溪铁观音茶梗,缘由是中国实行计划经济,茶叶出口实行配置限额,铁观音出口向来带梗,香港茶商为了销售铁观音,只好自行摘梗。然茶梗不舍抛弃,于是焙后稍作加工再卖,茶名就叫六安骨,不想大受欢迎,风行一时。到二十世纪八十年代末，大陆茶叶出口改革，外贸放开，安溪茶商自行到香港卖茶，为追求质量，只选好茶，不带茶梗，六安骨原料遽然消失。至此茶客恍然大悟，此六安骨非彼六安骨也，但喝惯此茶的老港人仍留美好记忆。

因市场对安茶有需求，除香港茶庄仿制，以满足港澳及东南亚地区市场要求外，澳门也有仿安茶故事。

澳门茶王曾志挥先生曾接受媒体采访，阐述安茶在当地的历史和制作方法，感慨良多：过去由于路途不便，六安茶运输澳门，需要半年到一年的时间，途中受潮，时有发生，故茶到澳门当重新烘焙，以致焙茶在澳门成为一种产业。轻度受潮的六安茶就加进米仔、兰花，炒过后便成了香六安。如果受潮较为严重，就拿去蒸，把霉味蒸走即可。经过蒸压的六安茶，除蒸走霉味外，也可使六安茶变得更为陈旧。久而久之，六安茶变成一种必须经过蒸压工艺的茶品。

澳门茶商制作笠仔六安，办法独特。如约为1920年的一批茶，用的是广东毛青、贵州贵青拼配而成，叫澳门六安。具体制茶老人，曾先生不但认识，并清楚记得此老人制这批茶时才20多岁，几年前仙逝，已年届近百，算是百岁老人见证了澳门茶叶制作的历史。

此外，澳门在茶叶转口港地位渐失以前，茶庄林立，茶行业非常繁盛。这些茶庄，当中不乏拥有加工技术的茶集团，专门加工及生产笠仔六安和茶饼，其中著名的有慎栈茶行和祥珍茶行。慎栈茶行主人为张其任先生，他自设笠仔六安加工场，专门制造旧笠仔六安茶，畅销香港及东南亚各地。可惜慎栈茶行的后人，约在二十世纪七十年代初，均转往其他行业发展，且各有成就，没有接掌父亲的老本行，因此慎栈茶行没再继续经营下去；祥珍茶行也是专门制作六安茶的，也在差不多的时间，约二十世纪七十年代，消失于时间的洪流中。

六安茶断供了，而不少老茶人是以六安茶为日常饮品的，故有人强烈要求恢复生产，于是内地也有公司组织生产出口。然新制的安茶，内质和包装与道地祁门安茶不尽相同，且使用商标更是大相径庭。

有道是，榜样力量无穷尽。境外如此，境内亦然；早年如此，当今亦然。2014年6月17日《中华合作时报·茶周刊》刊载一则消息“央视《致富经》聚焦九华安茶”载：6月10日，中央电视台《致富经》栏目组走进安徽省池州市贵池区棠溪镇溪山寨茶园及茶叶生产基地，开始了对棠溪九华安茶为期7天的采访。据介绍，安茶是介于红茶和绿茶之间的半发酵茶，安茶的种植、采摘、加工、贮存对茶种、气候、土壤等都有独特的时序要求，是安徽省“十二五”茶叶发展规划重点支持项目之一。

新老两代孙义顺

本廠自開以來細選嫩壯茶葉精心制作各類陳舊餅茶六安笠仔茶普洱茶深得消費者信譽恐防假冒特加此紙爲憑四會市中茶茶葉有限公司

中茶公司茶票·采自网络

如今说安茶老字号，孙义顺无疑是响当当的大名头。究其历程，几百年光阴茶路，曲折坎坷，故事多多。其中既有叱咤风云，风生水起，显赫一时的辉煌，也有跌入深渊，乃至号毁人亡，淡出人间的灾祸，后又有起死回生，重放光明的新生。由此生成新老两代孙义顺茶家，虽均为汪姓,看似关联,然并无血缘关系;说血缘隔断,然技艺又一脉相承,其断筋连骨的命运跌宕起伏,忽而销声匿迹,忽而东山再起,堪称传奇。

先说老孙义顺。尽管老孙义顺的原始出发时间现已无从查考,然笔者通过走访芦溪多位老者得知,其最先老板叫孙启明,黟县古筑村人。原先与兄弟在六安经商,自己做茶生意,弟弟做木材买卖。经商多年,其弟生意兴旺,又好善乐施,家乡修桥补路,均慷慨解囊,捐物捐钱,乡人很是感激,口碑不浅。然孙启明不行,生意一直不旺,关心家乡就少,回报乡梓更无从谈起,不明就里者于是骂他铁公鸡,一毛不拔。孙启明感到无奈,但又期待振兴,于是决定回家乡徽州经商。其孤身一人,先在祁门平里程村碣做茶,仍无起色,后改到平里下游芦溪店铺滩,找到一汪姓以入股方式合作,其占四分之一股份,汪家占四分之三股,并将招牌以300大洋价格卖归汪姓。这汪姓原有怡大祖店,接过孙家招牌,感觉顺口响亮,决定干脆放弃怡大,改用孙义顺。汪姓善于经营,打理多年,生意日好,名声日火。每年产量均在280担上下,通常雇3条船装

曾为怡大故地,现已盖新房

载，最多时达420担。孙启明当然也高兴，也就一直定居芦溪，由汪家人养老送终，乃至去世，也没有葬回黟县故乡。从此孙义顺牌号为汪家独掌，自由行走江湖，再经多年拼搏，后来名

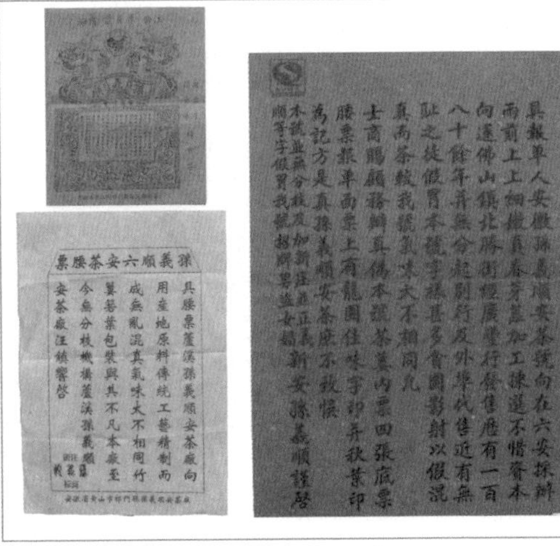

孫義順六安茶腰票

具腰票蘆溪孫義順安茶廠向
用產地原料傳統工藝精制而
成無風混真氣味大不相同竹
簍箬葉包裝與其不凡本廠至
今無分枝概搆蘆溪孫義順
安茶廠汪鎮響啓

具報單人安徽孫義順安茶號向在六安採辦
雨前上上細嫩真春芽蕊加工揀選不惜資本
向運佛山鎮北勝街經廣豐行發售歷有一百
八十餘年並無分起別行及外埠代售近有無
耻之徒假冒本號字樣甚多貪圖影射以假混
真高茶較我號氣味大不相同凡
士商賜顧務辨真偽本號茶簍內票四張底票
腰票報單面票上有龍園注冊字印并秋葉印
為記方是真孫義順安茶庶不致悞
本號並無分枝及加新注正義
新安孫義順謹啓

新孙义顺三票

闻天下。数百年后，至民国二十四年(1935)，其注册法定代表人汪日三也已过世，执掌茶号的老板叫汪清明，生意仍然兴旺。然天有不测风云。就在这年秋季，汪清明与同村另两位安茶老板从广东卖茶返家，因芦溪没有银行，无法兑换银票，遂在家乡邻近的景德镇办理银票存储手续，完事后因夜色降临，三人便在一叫福港的水陆码头投宿，不料被土匪盯上，全部被抓，无一幸免。土匪见三人身上无钱，但有枪，心生疑惑和恐惧，为防意外，便起杀心。三个老板中有一人叫汪旭芬，见气氛不对，因会武功，遂半夜翻墙逃脱，而其余二人被土匪杀害。汪清明遇害，汪家安茶从此停业，再也没有能力恢复

安茶非遗传承人汪镇响

生产。其家人为维持生计,就以钱入股于逃回的汪旭芬老板续做安茶,然用的不再是自家招牌。曾经声名显赫的孙义顺也就从此终结,重新启用即在60年后,此为后话。

再说新孙义顺。改革开放后,安茶复产,1992年正式面市,再走广东,至1996年逐渐兴旺,广东佛山电话频来,指名道姓要祁门孙义顺。为满足市场需求,保障供应,地方政府决定扩大生产,于是老孙义顺传人、汪日三之子汪寿康再次被请到乡政府,商谈再办新厂事宜。几经筹措,一家新型安茶企业闪亮

1997 年孙义顺招牌

初期孙义顺厂牌

孫義順安茶厰衛生管理制度

1997 年孙义顺厂规章

1997 年孙义顺门面

1997年孙义顺篓茶

外卖的安茶

登场，法定代表人汪镇响，技术由汪寿康手把手传授，取名更为智慧，就按汪寿康愿望，恢复孙义顺招牌。汪寿康尤其高兴，立即从家中翻箱倒柜找出铜质老招牌，交与新厂仿制。众人审视铜牌，发现下端落款居然是日本株式会社制造。一股辛酸和沉重感袭上心头。大家分析，铜牌制作日期虽难以考证，但完全可以肯定，必是汪日三在世前就有，即民国二十四年(1935)以前无疑。由此可见老孙义顺交往广阔，不乏国际视野。如今物是人非，无形中大家均感肩扛的分量：老孙义顺是历史品牌和文化，新孙义顺该传承和担当，品牌只能擦亮，越做越响。1997年，新孙义顺茶企正式挂牌开业，其招牌仍为铜质，规格与老孙义顺一模一样。茶票无疑也是必须的，找不到老票，便以孙同顺茶票为样，改“同”为“义”，制胶版印票。至于制茶技术和质量，汪镇响铿锵承诺：我一定按照师傅要求，老法老做，绿叶底、橘红汤，半发酵，决不给孙义顺招牌抹黑。

孙义顺再次出发。

售茶精英支高招

尽管水路交通时代，芦溪有过黄金岁月，熙熙攘攘，人头攒动，乃至码头卖笑女的花船也成片停靠，当地人称烂泥湾。然时代变迁，船退车进，陆路交通逐步发达，芦溪今非昔比了。

本就地处安徽最南边陲，脚一抬便到江西，加之山路崎岖，穿山越岭，俨然标准山旮旯。即便公路通达，从县城发车，一路颠簸至少一小时。无事不到芦溪，几成民间口头禅。

然而，自从安茶再现，情况不一样了。山旮旯日益受人关注，且有人为之动心动情动脑，志愿支招，助力安茶崛起献策支招，这就有点新奇。2014年夏就有这样事例。

其时，芦溪来了两位贵客，一男一女，男叫

邱文诚,祖籍福建泉州,女为其夫人,祖籍广东潮州。二人一路走一路看,似乎身边山水皆奇妙,每一口空气都带茶香。

这对夫妇来自马来西亚,一路飞机火车汽车,不远千里奔芦溪,为的就是问安茶。说起邱先生业茶,可谓家有渊源。清末,其祖父为避战乱,漂洋过海移居马来西亚,家乡茶香一直梦萦魂绕不绝如缕。到父辈干脆营茶,创办了邱茗茶有限公司,从经营铁观音、普洱茶入手。到文诚操盘,已是家大业大,一次无意接触,邂逅安茶,从此一发不可收。

那是1992年,安茶复出刚问世,社会上懂安茶者甚少,年届不惑的文诚先生到广东,遇见安茶,喜出望外,幼小就耳熟能详的记忆猛地被激活,于是当即进货,从此与安茶结缘。此后每次再走广东进货,安茶无疑必不可少,多则千斤,少则几百,久而久之,不是亲家也成亲家。1996年7月,邱先生又到广东佛山,在一家名为金茗茶行意外结识安茶产地芦溪安茶厂汪老板,几经交谈,一见如故,分手时便签下一单3吨中档安茶的生意合约。此后十多年,双方电话不断,交易频频。买卖多了,效益好了,感情深了,2007年,文诚先生说出想到安茶原产地看看的愿望,汪老板举双手欢迎,于是文诚先生开始了不远千里专程走芦溪之旅。有了第一次,就有第二次,文诚先生每到芦溪,不仅认真考察安茶生产环境、制作技艺和历史文化,同时深刻思考,对安茶特性、销售进行琢磨,试图弄出些门道。

功夫不负有心人。文诚先生启动睿智思维,分析研究,果然得出理论一大套。归纳说，有五点独到理念：一是制安茶，只能用祁门槠叶种，且只能用春茶作原料。道理是安茶非常耐泡，一般十泡后，仍然有味。原因就在于环境好，茶种好，两好叠加，黄金绝配，它类不可复制。二是安茶和其他黑茶一样，具有随时间转化的特性，越陈味越强。然真正想品到安茶茶味，非要十多年陈茶才行，因为只有充足时间氧化，陈安茶才现醇陈香。三是品饮新安茶也有乐趣，道理是安茶经过十多道独特工序，多次复火产生火味，非新茶无以品到，品火味也别有风味。四是安茶的贮存收藏，对温度和湿度要求特高，不同时间品饮，滋味就不同，为此年份也可定价。五是历史上东南亚一带是安茶主销地，但中断半个多世纪，现知晓安茶者多为垂暮老者，年轻辈许多没听说过，所以推介宣传宜大手笔，才能迅速提高知名度，快捷提升附加值。

身在庐山外，识得真面目。一个地方要发展，就要自己独特魅力，用时髦话说，叫核心竞争力；用土话说，叫一招鲜吃遍天。芦溪卖安茶，意外卖来新理念，且不啻为权威专家发言。这就应了那句老话：酒香不怕巷子深。

于外延而论，茶是可选择的饮料，顾客可买可不买；于内涵而言，茶有红绿青黄白黑六大类，再细分还有毛峰、银针、香螺、饼茶、篓茶，茶叶喝到老，茶名记不了，顾客取舍完全自由。尤其当今市场，消费细分顾客群，卖茶不出新招，不创新举，按传统，走老路，只有死路一条。文诚先生深谙此理，视安茶为己出，投资金再投智慧，力图以特定茶品，打造特定消费群，抓亮点，争赢家，一门心思研究揣摩，结出果实，无偿奉献。售茶售到这份上，可谓极致，境界高，水平更高，以此卖茶，什么茶卖不掉；以此卖安茶，安茶岂能不火。从这个角度说，文诚先生无疑属售茶精英，这也是核心竞争力。

类似事例还有更多，如复旦大学的陶教授夫妇，每年均来芦溪购茶，他们随身携带以香港购置的安茶样品对样购茶，说是购回为女儿作嫁妆；再如2014年夏，广州一公司总裁张女士，专程由芜湖茶友陪同来芦溪，为的就是在安茶实地品鉴一杯正宗道地的安茶。如愿以偿后，大为赞叹，当即以微信发到朋友圈，发表自己不虚此行的感慨。

市场经济就是产销经济，产销犹如正负电子两极，碰撞产生火花，才能生出威力。芦溪产家为一极，销区买家为一极，两两结合，互碰互撞，销售才会大进步，市场才能大拓展，安茶才有大气候。从这个角度说，安茶应当感恩并努力。

条外包箬是祁门安茶包装特色

箬外扎篾是祁门安茶包装最外层

己

问韵之章

佛点妙静成安茶

有道是，名人有传奇，古董带故事，景点传掌故，明星多绯闻，名产附传说。安茶也不例外，关于其出身来历，绝不会普通平常，多少有些逸闻，沾点风流。

话说唐代武宗统治天下时，曾发动灭佛狂飙，僧尼纷纷逃长安。其中有一妙静师太，带几小尼，跌跌撞撞来到祁门芦溪，见这里深山幽静，偏安一隅，于是结草为庐，潜伏修行。一日，妙静往山谷采野，无意间发现几株野茶，天降神草，岂可错过。妙静如获至宝，悉数采下，回庵制作，且按当地山民方式，以小篓盛装，内置箬叶，小心保存。然因干燥程度不够，此茶搁置梅雨季后，居然长出霉点。妙静好生心疼，不舍扔弃，佛眉一动，计上心来，干脆将茶叶放入饭甑蒸软，然开泡品饮,似乎无味。此时妙静年届古稀,身体感觉不适,已经开始辟谷。夜来蒲团打坐,闲着无事,想起白日那茶,感觉应该再动动手脚才好。于是取来火炉,架茶其上,以文火慢慢烘焙,至深夜,渐闻幽香阵阵袭来。经不住诱惑,妙静取茶泡饮,不想异常可口,连饮数杯,居然心清气爽,精神倍增。妙静顿悟:历来制茶,或炒或揉或烘,独此茶日也晒过,夜也露过,水也蒸过,火也烤过,可谓日精月华滋润,五行水火培育,故有提神醒身奇效,使我安康。茶有此功力,看来是佛祖点化,岂可慢待。于是,妙静急忙叫醒尼徒,如此这番说一通,从此尼徒纷纷仿效,大事种茶制茶,为方便称谓,取名安茶。

妙静圆寂后,继任师太不但继续制作安茶,且逐步规范重量和包装,用以庵堂供应信徒,以及僧尼际会使用。天长日久,安茶声名远播,但茶品一直被庵堂寺庙坚守,成为佛界打禅坐化和日常生活用茶,从未迈出佛门,具体制法更为佛家深藏,绝不外传。

岁月悠悠走,到明永乐年间,有一法名佛桃小尼,因禁不住庵堂寂寞,动了春心,某日竟与一入山砍柴后生私奔而去,下山结为夫妻。为生计起见,小尼将庵堂安茶制法告知夫君,夫君依法炮制,制成安茶外售,很快走俏市场,引来其他山民纷纷仿效,安茶从此远走凡间。

至于此后再经徽商携带,先销京都,后销两广、港澳台及东南亚,那是后话。

票证模板风光少

古往今来，茶市有一通用现象，即在茶品中置放一张或几张文字纸片，古称茶票，抑或称茶飞，现代叫说明书。尽管这种多少带些夸张口吻的印品，与真实货品名不副实的事层出不穷，然卖家坚持不懈，乐此不疲，估计动力来自效益。即纸片小是小，作用不得了。概括说，第一为防伪，第二表现经济实力，第三显示文化品味，第四……安茶当然也如此，每件茶品中，面票、腰票、底票俱全，甚至还有注册证明、衙门公告、获奖凭证等，以此验明正身，抬高身价，可谓匠心独运，用心良苦。

可爱纸片中，以底票最为考究。论形式，香烟盒大小；说内容，介绍茶品，主题凝练；讲风格，精雕细刻，图文并茂；不啻为艺术品。具体使用时，少数为盖戳形式，如正义顺底票；多数为雕版印刷，如孙义顺底票等。无论盖戳还是印刷，追溯其来历，均出自母体模版。

母体模板什么样？

光阴飞逝快，实物留存少。笔者有幸亲手玩过或见过数块，或木质或金属，大小虽相等，轻重却不一，风貌各异，然均为底票模板，殊属珍贵。具体内容禀报如下：

【安茶第一枝底票印模】

此印模为笔者一黄姓朋友持有。问来源，黄友告知：岳丈为祁南人，家族曾营茶，茶号叫向阳春。其祖上传下此物，不知干啥的？再问：卖吗？答曰：祖宗留下的，再穷也不卖。人家态度坚决，斩钉截铁，笔者虽恋，也只能打住。君子不夺人爱，坚守家传是寄托后人情感，更是坚守历史和文化，理应支持。

以上是1992年的事，距今已过三十余年，那时没有数码相机类工具，幸好拓印留样，特刊在此，以飨读者诸君。

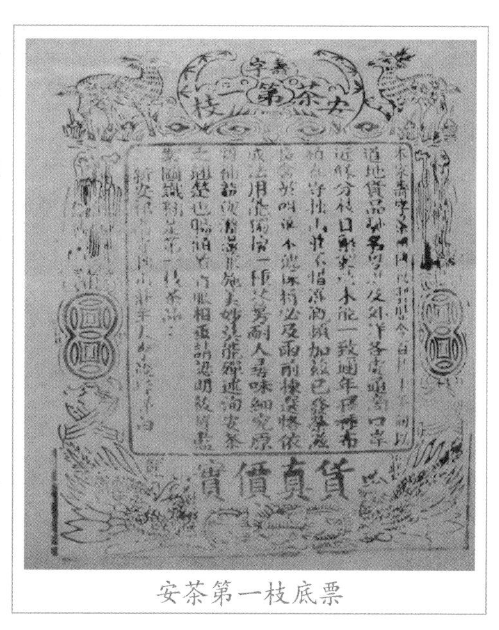

安茶第一枝底票

印模为樟木质地，长12公分，宽10公分，厚2公分。图案上部为双鹿；中间嵌“寿”和“安茶第一枝”字样；下部为双凤朝阳图案，中间为要害部位，上嵌“货真价实”四字，两侧为脚踏铜钱寿星图案，正中围就文字：

本号寿字茶，祖传秘制，历经百数十年，向以道地货品，驰名粤港及外洋各处通商口岸。近缘分枝日繁，制造未能一致，迩年择种，布植在守拙山庄，不惜灌溉频加，兹已发荣滋长，含英咀华。本号采摘必及雨前，拣选恪依成法用能，独擅一种芬芳，耐人寻味，细究原质补益，与涤湿并施，美妙莫能殚述，洵安茶之翘楚也。赐顾者真眼相垂，请认明筱峰监制图识，翻是第一枝茶品。新安祁南守拙山庄主人李筱峰谨白。

循印检索史料，得知民国中期祁门安茶号以“顺”“春”取名尚多，如民国中期《祁门之茶业》载安茶号有47家，其中春字号30家，顺字号6家。其中就有向阳春，坐落南乡溶口，经理叫胡凤廷。但此号颇为新奇，既不用“顺”，也不叫“春”，取名守拙山庄，大有洁身自好之意，这在现存的安茶遗票中，属独一无二，分析揣摩，估计此号出在向阳春之前。还有更蹊跷者，即此号姓李，遗物却在胡家。缘此推理，李胡有亲戚关系？总之，取名不愿随大流，必有原因。李家印模胡家传，关系有奥妙。背后情事究竟如何，充满谜团，暂且搁此，冀望日后再考。

【奎记提庄茶票印模】

此印模为铅质薄片，长11公分，宽8公分，厚不足0.1公分。印模四围为图案，中间为文字，其中上部可辨文字为：奎记提庄、汪熙春六安茶，以及三行横排外文，下部正文约百余文字，因年代久远，模糊不清，无法辨认。

奎记提庄底票铅质印模

印模中间略有残破，幸亏汪熙春牌号依稀可辨，于是仔细翻阅民国中期史料，目的想了解其背后情事，哪怕一二也是珍贵。遗憾事与愿违，查有汪赛春、汪志春、汪锦春等，偏偏不见汪熙春。以此推测，该号存世时间可能在民国中期以前。还有一点，即依据印模刻有外文揣测，此号生意似乎已关联到老外了。

【元春隆六安茶茶票印模】

此印模似属听来模样。笔者一陈姓朋友在乡镇供职，经常助我玩茶。他听说当地派出所一干警，收藏一枚家传茶票印，急速去看，说是铁质浇铸，长11公分，宽8.5公分，厚约1公分。

问卖否？干警一口回绝。朋友执拗再求，央请拓印一张纸样，干警不再拒，不久纸样馈赠我手，令人感动不已。

元春隆底票

拓印图案上部为福禄寿三星及仙童数人，仙童脚下为“元春隆六安茶”六字，以及“上品贡尖”小字。下部为花草图案，正中为文字：

启者本号开设六安，选办头春嫩芽，贩运广东。始于前清道光□□年间，由来旧□。每当新茶入市，多派最优良师分径名山，拣办高峰云雾香茗，味如桂馥，气如兰馨，小则舒脾助胃，大则益寿延年，玉液琼浆，当推第一，久已中外驰名。历蒙士商恩宠，惠顾光临者，□□向佛山茶，得认明票内有三星图画，方是道地真货无误。新安祁阊元隆春监制。

上述说的是老票印模。新时代，安茶复生，茶票乃传统标识，防伪标记，何况饱含文化，积淀丰厚，当然必须传承。于是面票、腰票、底票依旧，形式规格几乎未变。然印模质地有变，基本以橡胶材料制作，特此告知。

茶票遗韵风流多

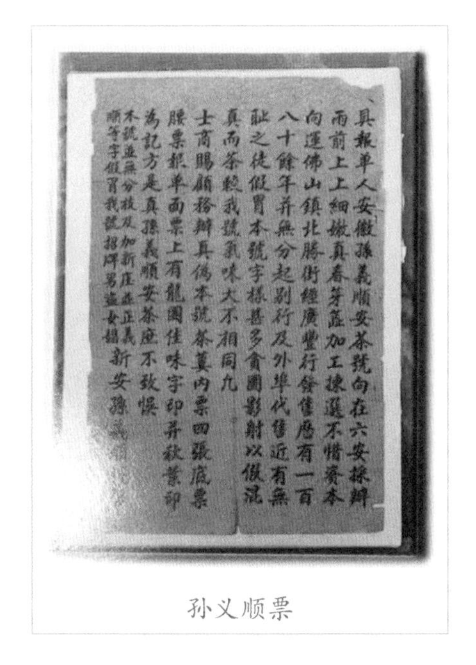

具報单人安徽孫義順安茶號向在六安採辦
雨前上上細嫩真春芽蕊加工揀選不惜資本
向運佛山鎮北勝街經廣豐行發售歷有一百
八十餘年并無分起别行及外埠代售近有無
耻之徒假冒本號字樣甚多貪圖影射以假混
真而茶較我號氣味大不相同九
士商賜顧務辦真偽本號茶蔞内票四張底票
腰票報单面票上有龍圖佳味字印并欽蕓印
為記方是真孫義順安茶庶不致悮
本號並無分枝及加新庄孟正義
順等字假冒我號招牌男盜女娼
新安孫義

孙义顺票

茶中置票，古来有之。囿于当时的科技条件，色彩不算多，红绿黄白而已，纸质不算好，油光或普通质地罢了。但各商家似乎均将此当作名片工程看待，为挣面子，较劲比赛，一家更比一家好。不但设计精美，图文并茂；且镌刻考究，精雕细缕；再加印制精湛，豪发显现，致使渺小票据，奇大乾坤，图美字美雕美印美，风流占尽。其穿过幽深时间隧道，沧桑感厚重感油然而生，俨然成为历史物证和文化遗珍，不小心便跻身于艺术品收藏品行列，大受追捧。如出版的《中国普洱百茶票图》一书中，安茶票便赫然在列，一时洛阳纸贵，疯抢一空。至于货真价实的原装老票，追家更像老鼠爱大米，抢劲疯狂。

茶票的主要内容为商标图记和说明茶品的文字，尤其是说明文字，各家极尽所能，争奇斗艳，百花齐放，各出奇招，各显千秋，以验茶真伪，防范假冒，至今读来，颇感新颖和启迪。遗憾的是，光阴岁月久，世人抛弃多，实物留至今，只能凤毛麟角，沧海一粟，殊为珍贵，当享国宝熊猫待遇。这当中面票几无，腰票少许，尤以底票为多，且规格几乎一致，长10公分许，宽9公分许，无疑为一道无比靓丽风景，浓郁氤氲美丽绽放，令人爱不释手。

【孙义顺茶票】

孙义顺品牌最老，名气最大，事业最旺，故目前社会所见的茶票也多，有正宗地道的原装腰票、底票，也有仿制的腰票、底票，难辨真伪。

就原装正品而言，孙义顺腰票为红纸质地，目前所见有两种，一在大陆，一在台湾。二者均不重装饰，以文字为主。然内容略有区别，大陆票文字几乎与目前所见底票一样，鉴于本书其他章节有详细介绍，此不赘述。台湾票为长方形，外框线纹，上部收为斜角，有如古式功牌形状。内中文字十分简洁精练：

新孙义顺茶票

本号原向在六安州，拣选雨前上上细嫩真春芽尖毛蕊，近有冒称本号甚多。凡赐顾者请认秋叶招牌为记，庶主固不误。

关于仿品，目前所见有粉红纸质者，四围带回字纹，顶部略收，其中横书“孙义顺字号”五字，下面竖排文字，具体内容与上述真票一模一样，不多一字，不少一字，犹如备份。若非台湾《茶艺·普洱壶艺》载“参照孙义顺大(腰)票”，他人根本无法区别。

至于底票，目前所见老孙义顺的正品实物极少，倒是正文的说明文字流传蛮多。其基本为二种，内容也几乎一样。唯一不同的区别，是其中一句话，或为“历有一百五十年”，或为“历有一百八十余年”，二者相距三十年，想必分别为两个不同年份所用。有关底票仿品，可以说肯定有，但因未见实物，不便随意揣测。

【晋义顺底票】

祁門
晉義順
真正六安茶

晋义顺底票·采自网络

此票为白色纸张，雕刻精细，图案清晰，字体工整，水平较高，折射出茶号实力和品味较好。上部以双龙戏珠为背景图案，最上正中圆圈嵌“祁门”二字，下为三连幅书状方框，内书“晋义顺”三字；下部三面各有图案，左为村落，右为花草，下为人物，中间为说明正文，上方再横幅五字：真正六安茶。方框嵌正文如下：

本号向在六安选办祁山高峰雨前芽茶，精工督制，□□精华，气香味美，玉液琼浆，解渴清热，消瘴开□，食之益寿延年而健，货真价实，岭海驰名。凡军商学界赐顾者，请认明双龙并晋文公古事□器皿唛头戳记，方是道地祁茶，庶不致误。新安祁南溶口晋义顺茶号监制。

【镒记亿顺底票】【致和正义顺底票】

这两张底票均出自祁南汪番德一家茶号，票面图案和正文完全一致，唯一区别是上部牌号各不相同，一为镒记亿顺，一为致和正义顺，这在目前所见的安茶底票中，属于绝无仅有，故显得尤其独特。分析原因，估计是该号在两个不同时期使用的底票。

汪番德·镒记亿顺底票

两票均为黄色纸张，花鸟主题为图案，上部为两只凤凰，立于牡丹之上，展翅欲飞；下部为松鹤、鸳鸯、云雀，分别立于岩石，嬉于水中，飞在林间，动感极强。整幅构图空间丰满，花草树木，疏密有致，线条流畅。图中嵌文字，一为“镒记億顺”四字，一为“致和正义顺”五字，其下再嵌“货真价实”字样，两侧“改良制造、中外驰名”，两票均同。正中主体说明文字以书卷形式展开，文采斐然：

窃茶之为物，钟山川之灵气，涵云雾之精华，得其地尤贵得其人。本主人向在六安业茶有年，既兹商业竞争年代，各宗货物，无不力求改良，益致力求精，不惜巨资，货必雨前，制必督工，所以巧夺三春，早占龙团雀舌之异，风生两腋，绝胜琼浆玉液之奇，至于止渴消瘴，提神辟疫。尤其余事向运贵地经行出售，销场颇畅，兹恐射利者流徒觅隋珠罔□□□，贻误匪浅，特于茶篓内加双凤牡丹，唛头为记，诸君赐顾，请认记购买不误。新安祁南龙溪汪番德堂鉴记特白。

【新华顺底票】

此票为淡蓝色，设计以文字为重，故图案相对简洁。上部为两童扯起"新华顺"展卷，正中下方有"六安茶"小字，再下为铜钱花，四孔各嵌一字：金钱商标，背景图案为海浪云朵。下部为连理纹方框，围就正中说明文字：

本号向在安徽六安选办高山云雾芽茗，不惜巨资，精工制造。其叶底鲜嫩，采摘必趁雨前；其香味清芬，焙制必谙炎侯。历来贩销粤港商埠，迭承各界欢迎，货真价实，洵是最优之饮品。将恐市侩影射渔利，劣货掺销，致误主顾，兹刊用金钱商标，以杜冒效，此布。新安新华顺茶庄江义淮谨启。

【正义顺底票】

此票为粉红纸质，不是正规印刷品，而是盖戳式样。揣摩原因，兴许是问世时间较早，兴许是经济实力有限，所以才走了简陋路线。票面设计也相对简单,没有精美图案,外框仅为连续花草纹饰，中间为说明正文,上方横书:益春·正义顺号,下方竖排文字。与其他安茶底票所不同的是，此票票面另外加盖了二枚红色印章，一为天官人物,一为义顺镒记,估计为强化防伪作用。分析该票为盖戳式样，以及票面设计颇为简陋等元素来看,可能该号经济实力有限。

正义顺底票

本号向在六安提选真春雨前细嫩芽茶,不惜巨资,用意精制,香浓味厚,最益卫生,是诚日用所不缺者也。茶以射利者流,以假乱真,滥收劣叶,希图蒙混,不顾宾主。本号特于每篓内加盖两票,以镒记图章为凭,历蒙仕商赐顾,请认记购茶,庶不致误。新安祁南龙溪汪镒余监制。

【先义顺底票】

此票花草图案茂密,上部略呈弧形框内印“义顺六安茶”,两边分别嵌入“纶记”二字。下部为正文,左右两侧再印“货真价实”“图章为记”字样。尤为特殊的是,此票落款时间:黄帝纪

义顺六安茶底票印模

元四千六百零九年。这是清朝末期革命派使用的纪元，属辛亥革命时期特有年号，即1911年，次年中华民国成立，此后即停止使用。缘此推测，此票使用时间，恰为清末民初动荡时期，清朝将废，民国未立，商家只好暂用黄帝纪元年号。其说明正文儒雅温和，文采斐然：

启者，我国出口之产，以茶为大宗。茶质之良，以吾六安祁邑之南为最。邑中山脉深厚，天气温和，且高峰林立，雾气团凝，故其茶厚叶灵，饮之清馥弗觉，又能健寿益神，夏日亦能生津解渴，居热带者尤能消瘴疫，于卫生大有裨益，为五州植物中之最利者。尔来商业竞争，各种货物无不改良，本主人有鉴于斯，是以不惜资本，专采高峰雨前云雾芽茶，改法制造，以图永久名声。士商光顾请认明恒雨大印改良督制图章为记，庶不致误。六安先义顺号主人锡纶谨识。

【六安义顺底票】

此票因票样流失，故设计图案不详，幸有文字流传于世。其中特殊之处有二：一是点明具体销路：转销新旧金山及新加坡等埠，安茶外销状况略见一斑；二是落款时间为辛亥革命时期特有年号：黄帝纪元四千六百十年，即公元1912年。由此推测，该票用于清末民初的社会动荡时期，销路颇为广阔。此外，该票正文文字优雅别致，尤其在介绍茶品功效方面，别具一格，给人有耳目一新感觉：

启者，自海禁大开，商战最剧，凡百货物非精益求精，弗克见赏同胞永固利权。本号向在六安选制安茶运往粤省出售，转销新旧金山及新加坡等埠，向为各界所欢迎。近以消场渐广，复鉴於优胜劣败之原理，乃不惮潜心考研，力加改良，而於制造烘焙诸端，参用新法，故近制之茶，较前尤美，不仅芬芳馥郁，且能健胃爽神，消瘴解毒，诚卫生之要品也，酒后饭余试饮一盂，大有击碎唾壶之致云。赐顾者认明海上铁船为记，庶免碔砆乱玉也。六安祁南溶口胡锡纶督制。

【义顺字号底票】

此票黄色纸质，构图疏朗，重点突出，雕刻精美。上部篇幅略小，为双凤朝阳图案，其中圆形太阳中书“凤记”二字，其下双童扯横幅，中嵌“义顺字号”四字。下部为方框，篇幅略大，四围以山水人物图案作纹饰，正中印说明文字，通俗典雅：

本号向在六安祁门选办高山雨前贡品芽茶，精工督制，酝酿精华，气味香美，玉液琼浆，解渴清热，消瘴辟邪，食之益寿，而健精神，货真价实，领海驰名。士商赐顾，请认戳记，庶不致误。新安溶口凤记义顺茶号谨识。

【廖雨春底票】

此票粉红色纸张，构图疏朗，设计独到，有别于其他底票的繁缛风格。上部为两面左右斜插的青天白日旗，其下为弧形横幅，内书“廖雨春六安茶庄”，再下另有小字“顶上银针”。下部为方框，两层纹饰，外为繁密缠枝花卉，内为花朵，左右两束，下为寿桃，内书“寿字商标”。围就正中说明文字：

本号向在六安，亲自提选雨前上上毛峰，不惜资本，督工精制，芽茶气味无双，驰名已久。兹恐无耻假冒，玉石难分，特用寿桃商标，寿字平记为记，如蒙赐顾者，请认明商标，庶不致误。新安祁山廖雨春主人谨识。

查民国二十二年(1933)《祁门之茶业》史料，其中有廖雨春，可见该号在民国中期还存在。

【胡钜春底票】

此票为黄色纸质，与一般底票不同，设计以图案为主，尤其精致，文字则摆次要位置。整幅图案以松竹梅鹤凤纹饰为外框，烘托正中圆形开光图案中的人物，文字仅置于图下方的书卷图案中，布局合理，匠心独运，画面精美。图案最上方为弧形横幅“胡钜春号精制天元卫生茶”，两侧合嵌“新安”二字。中部开光中画仕女天官图，以庭院为背景，天官手展“天元提庄”四字，突出牌号主题，下方楷体说明文字，角度独特，口吻儒雅，文采斐然，显出不凡品味：

胡钜春底票

我华族茶产所在多有，惟我六安茶独具一种，天然物质，色味俱佳，清香较胜，饮之可以消烦辟瘴，佐益元阳，自是日用卫生妙品。本号因命牌天元，向以货真价实，力图驰名久远，今更加刊天官机器唛头，盖用涵记图章为记，绅商垂顾，请认明牌记，庶不致误。新安祁南溶潭胡钜春号精制天元主人象涵谨启。

【胡天春底票】

此票为黄色纸质，构图丰满繁密，雕刻细腻精致。图案上部为海水、花瓶、花卉背景，正中双童展卷“胡天春”三字，字上有“涵记提庄”四字，下有“日隆昌”三字，左右各竖四字：六安贡品、四海驰名。两边花瓶内有“气味香浓、有益卫生”字样；下部为山水人物，左右为八仙过海，下方为竹林七贤，山水人物，济济一堂，布局有致，刻工精细，纤毫必现。图案正中说明文字，强调功用和牌号：

胡天春底票

敬启者，我号安茶历有年所，不惜资本，提选雨前上品芽蕾，加工精制，以图久远驰名，饮之不苦，气香味厚，清新止渴，且有提神益智消滞之功，辟疫除瘴解饥之效，实于卫生大有裨益。近因无耻徒辈，假冒我号招牌，希图射利，以致鱼目混珠。今加刊日隆昌三字，分别布告，绅商光顾，请认明此为记，庶不致误，是祷。新安祁南溶口胡天春号监制主人胡象涵记。

【汪福春底票】

此票外围边框，上下雕人物，两边刻花鸟，中间为文字。上部刻和记堂号、主人汪福春、寿桃商标等内容，以枝叶繁茂寿桃图案衬托；下部为说明正文，突出历史、功效、商标等内容，儒雅精美：

本号汪立春牌面，开创百余有年，年久已驰名，中外畅销。近因牌号分歧，名俱沿旧，若不改良标异，诚恐贻误非浅。本号是以特设一庄，拟于六安山之间，专办云雾高峰嫩芽，改良精制，色鲜味甜，能降浊升清，实卫生家之佳品。蒙各界赐顾，请认寿桃商标，方是地道汪立春六安茶，真货不误。新安祁门和记立福春披露。

【汪厚丰底票】

此票具体票样不详，唯有正文说明文字流存于世，标注为卫生安茶，具体内容为：

本号向在六安拣选雨前上上芽蕊，不惜资本，加工秘制，精益求精，特别改良。叶底较别号细嫩，食之浓厚味有幽香。能健精神，而可生津，并且益寿避瘴。凡各界赐顾诸君，认明龙鹿商标并主人图章，庶不致贻误。图章为椭圆形，印章：汪德崇新安祁南店铺滩。

【王伯棠安茶庄底票】

此票为粉红色纸质，设计颇为特殊，图案为主要部分。整个长方形以花草为纹饰，上部刻五人物头像，另右侧还有小人物头像，均不知为何人。正中为圆圈，其中以禾穗图案，托住“头等嘉禾牌”五字，在票面中尤为显眼，正文说明文字篇幅不多，却被排列在圆圈左右两侧，因字体模糊，无法辨认。查民国史料，姓名为王伯棠者倒是有，然其身份为经理，而牌号叫同春和，坐落西乡箬坑。此票估计为该号早期使用的茶票。

【致和镒记底票】

此票为粉红纸质，不是正规印刷品，而是盖戳式样。如此简陋制作，追原因，可能时间较早，也可能是经济拮据，具体不得而知。设计也相对简单，没有图案，四围仅以连续回纹纹饰，围成功牌形状，中间说明文字，颇具文采：

小国出产，惟茶最贵，消瘴气，助提神，卫生之上品也。人生可得而少之乎，然既不可少，即不能不求其地道。本号开办六安，雨前春茶，监制得宜，气味佳，美色润，香幽自胜寻常，递年夏月间贩运佛山镇北胜街利安行发售，并无分起别行代沽，信实通商，希图永达，货真价实，遐迩驰名。诸君光顾，请认本号内票，察看真伪货色。盖饮茶者一烹而即知之，不误也，新安祁南龙溪汪发德堂镒记启。

【胡广珍底票】

此票粉红色，图案生动简洁，明显分为上、下两部分。上部双童骑坐于花卉图上，共拎一圆，内书“提庄”二字，其下为“云雾茶”三字，再下为横幅“胡广珍字号”；下部四周为暗八仙图案围成方框，方框左下角另加盖有红色印章，框中为正文说明文字，颇为精练：

本号开张六安，专办雨前贡品毛峰芽叶，加工精制。久蒙士商诸翁赏鉴赐顾，驰名广远。兹恐射利者澧徒，觅隋珠罔慙岑鼎用，特加附仙医指引图像，以誌本号真样，庶不致误。新安祁南胡广珍茶庄。

【苏积兴腰票】

此票为橘红色纸张，四周无围框，更无图案，仅有中间文字，似为腰票。说明文字为规整楷体，其特殊之处，在于详细介绍了底票、腰票、面票各自的图案和印章，殊为珍贵：

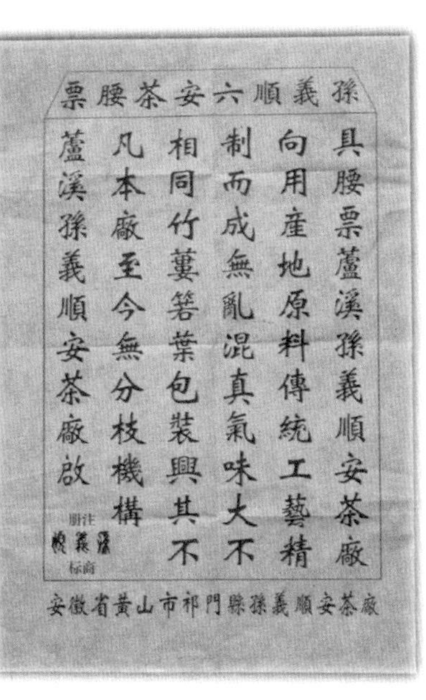
孫義順六安茶腰票

具腰票蘆溪孫義順安茶廠向用產地原料傳統工藝精制而成無亂混真氣味大不相同竹簍箬葉包裝與其不凡本廠至今無分枝機構

蘆溪孫義順安茶廠啟

注册商标 孫義順

安徽省黄山市祁門縣孫義順安茶廠

现今安茶腰票

具报单人安徽苏积兴安

茶号，向在六安采办雨前上上细嫩真春芽蕾，加工拣选，不惜资本，向运佛山镇经行发售，历有一百五十余年。近有无耻之徒，假冒本号字样甚多，贪图影射，以假混真，而茶较我号气味大不相同。凡士商赐顾，务辨真伪。本号茶篓内票三张，底票天官，腰票、面票上有和合太极苏积兴号图章为记，方是真正苏积兴安茶，庶不致误。本号并无分支及加庄记等字，倘有假冒我号招牌，男盗女娼。新安积兴谨启。

【仿品康秧春腰票】

此票为白色纸质，台湾《茶艺》杂志明白无误标注为“后人仿制的康秧春六安篮茶”。票面几无美术设计，外围仅一圈细小铜钱连理纹图案，内印楷体文字，上方横印：康秧春老号，下方竖印说明文字：

安徽康秧春向在六安采选明前细嫩春芽上茶，精工制造，贵客赐顾，请认明内飞为记。安徽康秧春号谨白。

【仿品笠仔六安茶票】

此票为台湾《茶艺》杂志刊载，说明文字为“曾志挥先生称为参照孙义顺而作的澳门笠仔六安(茶票)，质地为白纸，票面毫无艺术韵味，仅以翻卷古籍页面为图案，内中印楷体文字，也比较简单：

本号拣选雨前春蕊，茶色斟酌，不惜工本，迥非寻常，以图久远，近有无耻射利小人，将馐丑之茶假冒本号招牌，更伪字音相同，字影相似，鱼目混珠，真伪难分，欺骗士商，不顾天谴。本号访出，定行呈官究治，谨白。

历山春茶号底票·采自网络

另有祁南溶口历山春底票，白色纸张，四围图案为山水，构图疏朗，线条流畅，画面和印刷均很精美；胡万春底票，粉红纸张，四围图案皆为人物，画面周到，布局规整。二者雕刻和印刷均精细，美感很足，显示二家茶号实力和水平均非同一般，然因系网络照片，文字难以辨认，故在此略去。

胡万春底票·采自网络

诗文珍稀赋六安

举凡好茶皆受捧，吟诗作画写文章。安茶命运坎坷，时隐时现，以致受捧的文艺作品相对就少。于岁月长河中搜寻，仅见几件。虽说偶尔得之，物以稀为贵，也属坊间难求。

先看一首《七律·咏六安茶》。明代大学者李东阳喜爱交友品茗吟诗。一日，他得到一款六安茶，于是邀名士肖显、李士实来家中品鉴。三人很快被幽深茶韵的六安茶迷倒，东道主李东阳更是诗兴大发，兴奋之余，他开口道：我等三人联句如何？每人一句二句都可，最后赋成一首七律。肖显、李士实二人齐说好，且一致要求东阳首开头句。东阳早有准备，开口便来：七碗清风自六安。肖显、李士实当然不甘示弱，稍作思考,当即往下接续。如此你一句,我一句,三人轮番接龙,须臾工夫,一首茶味十足的七律诞生了。

七碗清风自六安,每随佳兴入诗坛。纤芽出土春雷动,活火当炉夜雪残。陆羽旧经遗上品,高阳醉客避清欢。何时一酌中冷水,重试君谟小凤团。

此诗首联从唐人卢仝七碗茶诗入手,深情表达三人品饮六安茶后,诗心激昂的感受。颔联展开联想,从春山雷动想到雪夜火炉,继而接颈联,叹惜陆羽的《茶经》遗漏此等上品好茶、高阳常醉却未曾尝过六安茶,语意既有遗憾,更有自豪。尾联即寄托愿景,盼望来日有机会,一定用天下第一的中冷泉,来烹煮眼前如同宋人蔡君谟创制小凤团一样的六安茶。

再看两首清人李光庭的茶诗。李为天津宝坻人,于乾隆六十年(1795)中为举人,后在朝廷任内阁中书。多年客居京华,印象深刻,晚年回味,著成《乡言解颐》,信笔所及,皆成掌故。他在《开门七事》中评点京华奢华习俗,涉及六安茶的茶诗有两首,折射出京人对六安茶的推崇状态。

其一:

金粉装修门面华,徽商竞货六安茶。笙歌白醉评新部,园馆青春改旧家。桐乳御寒宵待漏,分符调水日驱车。最怜小铫窝窝社，大叶香浮茉莉花。

此诗说茶店涂饰金粉，大肆装修门面，徽商进京大肆竞卖六安茶。酒馆说书尽是新曲，说唱优伶不断改换人家。如此通宵达旦，灯红酒绿，最可怜是烧水炉灶，煮茶不但有茉莉花茶，更有六安茶。

其二：

年来里俗习奢华，京样新添卖茗家。古甃泉踰双井水，小楼酒带六安茶。

此诗说京都街头不时增加茶店，街外北河虽有二桥拱一井的景致，水也最甘，但京人却认为泉水更好，仍习惯携古瓮到泉中汲水。而新开的酒楼饭肆，上茶仍然还是六安茶。

陳年六安—
孫義順 品茶記

台湾茶人品鉴安茶文章

今人赞颂安茶的茶诗不多，仅有几首，颇具意境和韵味。

其一为《品鉴老六安》。此诗为台湾资深茶人陈淦邦先生于2007年所作。陈先生一生嗜好藏茶，尤于老六安，更是一往情深，不但收藏有孙义顺、仿品六安，以及无票六安、八中票六安等多款安茶，且对安茶历史、技艺等了如指掌，先后写出《孙义顺品茶记》《陈年笠仔六安茶辨识综论》《品饮与收藏》等文章，刊行于世，推介安茶，并经常与志同道合的安茶爱好者切磋。这首诗则是其品鉴安茶的真切感受：

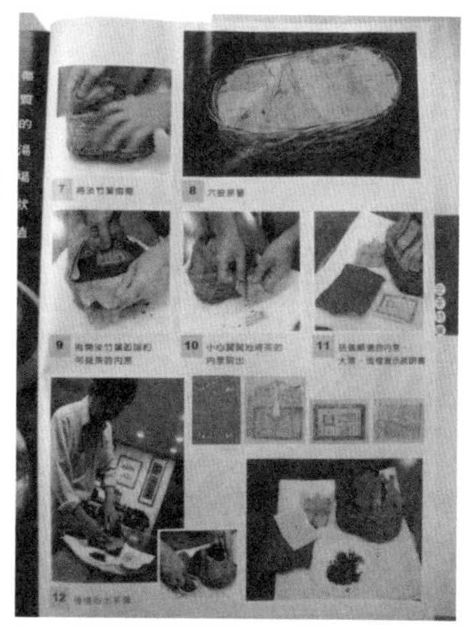

台湾杂志说安茶

红艳明亮赛霞天，醇郁厚滑味甘鲜；叁拾岁月今朝饮，畅吾心神妙生津。

其二为《芦溪访安茶》。此诗作者为中国著名茶学者赵英立先生。赵先生籍贯北京，笔名京华闲人。一生爱茶侍茶，曾为北京民族文化艺术职业学校茶艺表演系客座教授，京城数家著名茶艺馆茶文化顾问，培养了许多中高级茶艺师、品茶师，中国首届陆羽班创始人之一，出版有《中国茶艺全程学习指南》等畅销茶文化图书。其与安茶一见如故，且一发不可收拾，曾多次带学生深入安茶产地芦溪采风，过后便捉笔撰文，介绍宣传安茶不懈。此诗即为其采风感受，尤其尾句“独立六茶外，安然一盏中”，表明作者独立思考见解，颇有影响：

山深归鸟众，水浅野鱼清。点点炊烟起，重重暮霭浓。访茗芦溪远，参禅古寺空。独立六茶外，安然一盏中。

另有一首《饮安茶有感》，为佚名茶诗。写的是品饮安茶过后的感觉，赞颂安茶的养生功用：

味如甘露胜醍醐，服之顿觉沉疴苏。身轻便欲登天衢，不知天上有茶无？

《安茶事纪》

记者采访

这是黄山市孙义顺安茶公司创意策划拍摄的一部电视专题片，拍摄者为中国国际广播电台电视制作中心《茶无界》摄

记者拍摄安茶包装现场

制组，全片总长30分钟。该片从1983年香港关奋发先生寄来安茶入笔，实地追溯老字号孙义顺遗址、安茶故乡芦溪妙绝风光，以及神秘的安茶生产工艺、质朴沧桑的安茶非遗传人等，其中诸如人力挑茶、河道船运、码头装卸、山洞窖藏等镜头，乃当年情景再现，殊为珍贵。整部片子山光水色、人文氤氲、诗情画意，意境十分高雅，尤其片尾一句：孙义顺安茶，每一杯等你五百年！余音袅袅，内涵深邃，回味无穷。

庚
悬疑之章

创制时间在何时

记载祁门茶事的古碑

安茶火爆，追家蜂拥，俨然成为茶明星。有明星就有“狗仔”，打听出身，窥探历史，追踪身世，均是职业行为，责任所系，丝毫不足为怪。

打探安茶，发现疑云颇多。疑云之一，首先是创制时间问题。假如以拟人说话，可谓安茶生辰不明。即安茶究竟出身何朝何代？抑或再细追深问到具体的年份和月份,钟情于安茶的人,均要提出此类问题。搞清自己钟情对象的前世今生,也算不枉忠诚一场。

然因岁月久远,有关安茶的创制时间,别说具体年份无法界定,就是模糊时期也难以确立,答案存在多说。

一为“明代说”。理由有三:一是1990年《祁门县志》云:安茶,民间称为软枝茶。其依据为明永乐年间(1403—1425),该县编撰《祁阊志》中有软枝茶的记载,推测说此为安茶前身。笔者认为,虽然软枝茶具体含义并不清楚,但应是相对硬饼茶而言,即散茶,这就为产生安茶奠定物质基础条件。安茶由此发展而来,似乎有一定道理。二是按茶业大师胡浩川先生说法,祁门安茶系“仿制六安茶而来”。笔者则认为,其仿制时间当在明代。理由很简单,祁门地属徽州,徽州茶历史悠久,闻名遐迩,尤其明代以松萝茶最为驰名。记录明清两代学者的茶叶专著《中国古代茶叶全书》中,论及松萝茶的就达18处之多,由此可见,松萝茶影响非同一般。然祁门为什么舍近求远,不仿制松萝茶,而仿制六安茶?答案无非两种:一、安茶创制时,松萝尚未面世;二、安茶创制时,松萝虽已问世,然名气不大,不值得效仿。查松萝问世时间,为明隆庆年间(约1570)大方和尚所创,而此时六安茶早已入贡,名望

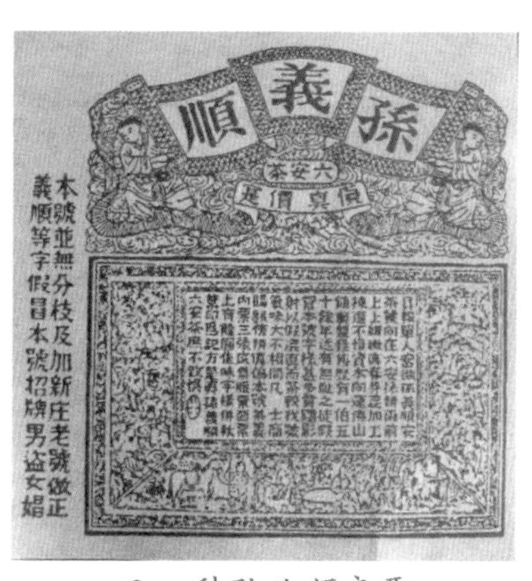

又一种孙义顺底票

如日中天。由此推理,人往高处走,水往低处流,祁门茶为寻出路,理所当然仿制六安茶,其时间最迟也在明隆庆左右。这似乎也从另一方面证明,祁门几乎所有有关茶产的史籍,均无“松萝”二字只言片语的原因。三是祁门南乡有民间传说,安茶于唐代由妙静法师所创,至明代被小尼带出庵堂,传至民间。

二为“清初说”。理由可以现存安茶文物为据。现有香港新星茶庄老板杨建恒,收藏有多种祁门老安茶,其中一款为五票孙义顺安茶。具体五票为:面票、腰票、底票、农商部注册证明、南海县衙公告。其中南海县衙公告明白无误标注落款时间:光绪二十四年(1898)。另外,五票中的底票也有标注时间的文字,然因字迹模糊,无法看清,权以目前文玩市场流传的,两种同样标注时间的孙义顺底票代替,一云:历有一百五十余年;另一云:历有一百八十余年。因底票与南海县衙公告同存茶篓中,即如果缘“光绪二十四年(1898)”上溯150年,为乾隆十三年(1748);上溯180年,为康熙五十七年(1718)。由此推知,孙义顺牌号在康乾时期早已存世。另现存的芦溪孙义顺茶厂包装语云:始创于1725年(清雍正三年),也是证明。此外,按常理再推,应是先有安茶,后有孙义顺,则安茶创制时间当在康乾以前,即清初立的顺治时期,似乎更有可能。

三为“明末清初说”。以上两说均有一定道理,综合二者,中和判断,推论安茶创制时间为“明末清初”,无论怎么说,应属保守结论,权且也为一说。

茶名多说哪个真

安茶疑云之二，茶名何来？

自古以来，安茶称谓，名称良多。何谓安茶？祁门东街有一资深耄耋茶人汪赛英，幼小在元升永茶号长大，后婆家也是茶商，与吴觉农、胡浩川等茶家甚为熟识，新中国建立后自己又为祁门茶厂茶工，可谓一生侍茶。问她：知道安茶吗？她答：知道。祁门人叫广东茶，西路南路人都会做。再问：为什么叫安茶？她答：这倒不知道，老一辈就这样叫，可能就是安徽茶吧。

其实，除广东茶、安徽茶外，祁门人还称安茶为软枝茶、六安茶、青茶，均为卖家自珍的称谓；而在东南亚等销区，安徽六安笠仔茶、安徽

祁门茶业改良场报告

改良场刊物

六安篮茶、安徽六安茶、陈年六安茶、普洱亲戚茶、旧六安、老六安、矮仔茶、徽青,则是买家嗔爱的称谓。如此十余种茶名,令人惊诧,假如搞一次全国茶名评比,安茶肯定夺冠。

卖家自珍也好,买家嗔爱也罢,双方各执一词,莫衷一是。而学者专家行正本清源之责,一门心思探索考证,最终端庄规范称之为安茶。然若深究一句,安茶之名从何而来?答案还是疑云一片。

有关安茶名称的来历,史上存在五说。

一为“仿六安茶说”。此说来自民国时祁门茶业改良场场长胡浩川,其在《祁红制造》《祁红运输》均说:祁门所产茶叶,除红茶为主要制品外,间有少数绿茶,以仿照六安茶之制法,遂袭称安茶。

同时佐证胡先生观点的,还有多种史料。一是傅宏镇《祁门之茶叶》载:红茶之外,尚有少数安茶之制造,此茶则概销于两广，制法与六安茶相仿佛，故名为安茶。二是民国二十六年(1937)2月《中国茶叶之经济调查》载：祁门除以红茶为主要产品外，亦产绿茶，可分三种。即(甲)安茶，系仿制六安之茶，行销广东。三是曾在祁门工作多年的茶叶专家汪瑞奇先生在《安茶史述》《安茶续述》两篇文章中均云：系仿六安茶制法得名。四是许正先生在1960年《安徽史学·安徽茶叶史略》载：清光绪以前，祁门原制青茶，运销两广，制法类似六安，俗称安茶，在粤东一带博得好评。

胡浩川

祁红老茶样

笔者分析，胡先生是六安人，从小对六安茶事耳濡目染，了解透彻，后又在祁门工作，两两相较，异同十分清楚，缘此作出判断，可信度较高。

二为“安溪茶说”。此说来自安徽农学院陈椽教授，其在1960年应《安徽日报》之约，编写《安徽茶经》，在写祁门茶史时说：据有关资料记载(该资料暂未找到)，祁门原产绿茶，多属安溪绿茶,故叫安茶。且陈教授认为资料来源可靠,其依据观点为:从广州出口的茶叶,大多属闽南绿茶,而闽南绿茶早在宋时就是出口和入贡茶品。祁门为祁红产地，这与创始人之一的余干臣从福建罢官回来，带回福建红茶技术不无关系。由此推论,安茶也与闽南绿茶有紧密关联。但陈教授又说:是否定论,有待研究六安和安溪绿茶历史时,再仔细论证最早从广州出口的绿茶，是安溪的还是六安的。遗憾的是,后来陈教授并未给出下文。

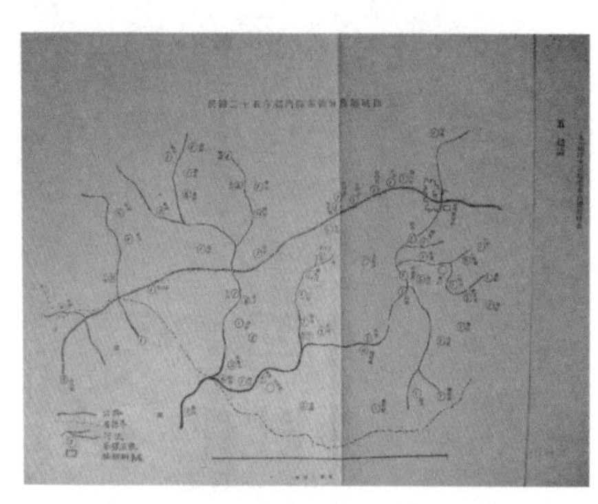

祁门民国中期茶号分布图

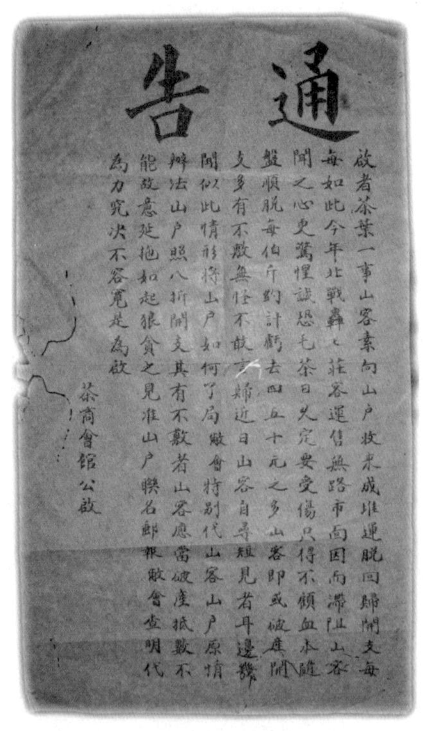

通告

啟者茶葉一事山客素向山户收來成堆運脫回歸開支每每如此今年北戰轟轟莊客運售無路市面因而滯阻山客開之心更驚惶誠恐毛茶日久定要受傷只得不顧血本隨盤順脫每伯斤約計虧去四五十元之多山客即或破產開支多有不敷無怪不敢言歸近日山客自尋短見若再[illegible]開似此情形將山户如何了局敝會特別代山客山户原情辦法山户照八折開支其有不敷者山客應當破產抵數不能故意延拖如起狼貪之見准山户聯名郵報敝會查明代為力究決不容寬是為啟

茶商會館公啟

祁门民国时期采茶通告

三为“安徽茶简称为安茶”。持此说者为程世瑞。他说自己在民国间运送最后一批安茶到广东时，曾问过当地的区老板：为什么把我们这种茶叶,称作安茶?老板回答:安茶就是指安徽茶。你们省所产茶叶，能受到东南亚华桥和当地人最欢迎的，就只这一种。本来大家都叫它为安徽茶，但这个“徽”字很不好认，南洋一带，更少有人认识它，同时根据我们口语和习惯，都不喜欢用两个字来称呼某某茶，于是便把“徽”字去掉，简称为安茶了！至此程先生恍然大悟，原来安茶就是安徽茶的简称。

四为“借六安茶之名说”。持此说者有两人，一是已故茶学家詹罗九先生，他在《七碗清风自六安·六安茶记录》中说：六安茶名满天下，借名之事在所难免。祁门也是古老茶区，茶产丰而质亦胜，乃商贾营销安茶借六安茶之名耳；一是祁门本土学者倪群先生，倪先生对祁门茶事研究颇深，认为明清时期，六安茶名头很响，作为后起之秀的祁门安茶，借其名而出合乎情理，属于商家的促销手段。如祁门红茶初创时，也曾名祁山乌龙，而祁红与乌龙茶并无多大关系。又说安茶与六安茶同省而出，地域相近，且两茶均有药效，借名条件便利；此外，更重要的是，祁门安茶商家自己已认定“六安”之说，如孙义顺茶票云：具报单人安徽孙义顺安茶号，向在六安采办雨前上上细嫩真春芽蕊，加工拣选，不惜资本……；胡矩春茶票云：我华族茶产所在多有，惟我六安茶独具一种天然特质……。这些均属新产品命名，制作者最有发言权。

笔者认为，商品经济中，借船出海，借梯登高，是惯有现象，谁的商品好销，就托谁的名，司空见惯。何况“六安”二字，在明代时本有贡茶别称之属，如清嘉庆《霍山县志》载：霍产总属西南，山高寒重，所出多在雨后，则贡茶专名六安，亦纪实之词也。由此借名已用，顺理成章。再如入清后，徽州松萝畅销，六安茶以松萝托名，也有范例。如民国三十七年(1947)中华书局刊印《最新中外地名辞典》云：六安境内以产茶著名，世称“六安松萝”。

五为“安六腑之说”。持此说者为一些通晓中医的知性人士，他们认为影响人身体健康的原因，在于阴、阳、风、寒、暑、湿六种因素，俗称六气。许多人常感身体劳累，从中医讲都是虚邪之气所致，并逐渐侵蚀五脏六腑。常饮安茶等于在未发病时防患于未然，起到平衡六气的作用，对于安定人的五脏六腑起到很好效果，故名六安茶。

水路运安茶

茶类纷争谁定夺

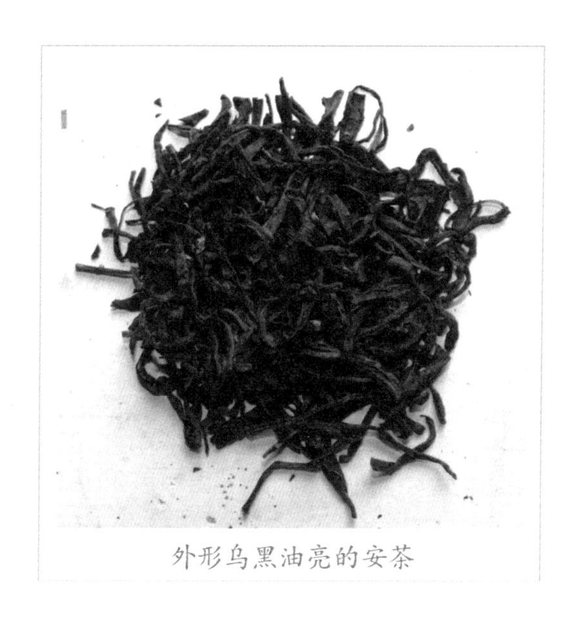

外形乌黑油亮的安茶

安茶疑云之三,茶类难断。

现代人说茶，习惯将茶分为六大类：绿、红、黄、青、黑、白,即无论哪款茶,基本都能在这六大茶类中找到相对应的位置。

可是,偏偏安茶不一样,分类一事极为棘手,专家文人学者各执一词,公说公有理,婆说婆有理。归纳起来看,有绿茶、青茶、黑茶之说,

以普洱仿制的安茶

使得安茶游走在多种茶类之间，坐标很难确定。更有人干脆将其归到六大类之外，说什么类也不是，属于独立类，抑或第七类。

说安茶属绿茶类的人最多，且发声早，名头大，具体说共有五家：一是清光绪三十一年(1905)，中国首次派官员外出考察印度、锡兰(今斯里兰卡)茶业。回国后，考察大臣浙江慈溪人郑世璜向朝廷上奏《改良内地茶叶简易办法禀文》云：查安徽祁门自改绿(安)茶为红茶，畅销外埠。二是胡浩川先生说：祁门所产绿茶(安茶)，除供当地饮用，兼销广东。三是民国二十六年(1937)《中国茶叶之经济调查》说：祁门除以红茶为主要产品外，亦产绿茶，可分三种。即(甲)安茶，系仿制六安之茶，行销广东。四是著名茶学家陈椽教授说：祁门原生产绿茶，多属安溪绿茶，故叫安茶。五是1990年《祁门县志》云：祁门原产绿茶，南乡倒湖周围所产雨前茶，同六安茶相似，称为安绿。

官员、专家可谓一言九鼎，作如此判断，我们理当相信就是，无须质疑。然认真客观一想，感觉有补充说明必要。即新中国成立前学者概念中的绿茶,绝非今人所云的绿茶。原因在于有关六大茶类分法是新中国成立后的理论,新中国成立前并无此说,即其所云绿茶并非现代狭义而严谨的绿茶,很可能是广义绿茶。

说安茶属黑茶者也有四说,且基本为今人。然比较而言,颇具官方权威,似乎理直气壮。如台湾资深茶人罗英银女士、何景成先生等,他们在《茶艺·普洱壶艺》中开宗明义载道:过往香港地区的茶楼酒馆,提供给客人饮用的黑茶类茶品,只有安徽的六安茶。再如祁门芦溪乡茶企于2014携安茶参加浙江杭州中国创业博览会,摘取奖项便是黑茶类金奖。此外,笔者曾向中国茶叶流通协会原秘书长、现祥源茶业公司副总经理吴锡端先生讨教,安茶该为何类?吴先生十分肯

学者探讨安茶事

定地回答：黑茶。还有厦门《茗家真传》茶叶官网采集茶界各种观点，经分析研判，最后归纳说：安茶属篓装蒸压茶（黑茶）。

说安茶属青茶类者较少，仅二说。一是1960年许正在《安徽史学·安徽茶叶史略》说：清光绪以前，祁门原制青茶，运销两广。二是《茶叶门户网》广搜网友观点，认真研究比较，做出结论：综合分析各方面因素，我们认为安茶是一特种茶类，如果按现行六大茶类的分类方法，只能勉强将其归属于青茶类。

说安茶不属任何茶类，即归属六茶之外者，也大有人在。搜集归纳，也有四说：一是二十世纪八十年代，安茶成功复产，随即参加安徽省名优茶评比会，获奖是"特种名茶"称号。二是江苏省农业科学院食品研究所李荣林先生认为：安茶在做法上，与乌龙茶有明显不同，因此不应归于乌龙茶。但品质上，它与乌龙茶又有很多相似之处。更主要的是，它的自然品质超群，又兼具红茶、绿茶、乌龙茶的制法特点和品质特点，故有独到之处。三是《上海市茶叶学会2009—2010年度论文集》刊载汪晓明先生文章，认为安茶制作工艺特别，品质独特，是一种有别于现行六大茶类的特种茶类。四是北京茶文化学者赵英立先生说，安茶虽经紧压，但在紧压前不属于基本茶类的任何一种，再加工就无从谈起，故把安茶归入现行任何一类都是行不通的。可以说，安茶是一种独立于基本茶类之外的独特茶类。

茶产中断为哪般

安茶疑云之四,为何断产多年?

安茶自问世,一路前行,一路畅销,市场广阔,好评如潮,数百年风光无限,尤其在南方市场,生意做得风生水起,茶客爱得热血沸腾,意气风发。按理说,只要乘势而上,前程必定似锦。然偏偏到民国时,戛然停产,突兀打住,偃旗息鼓,销声匿迹,致使新中国成立后的茶叶权威工具书,诸如《中国茶叶大辞典》《中国茶经》等均未见载。直到二十世纪九十年代才得以恢复,重新面世。其间相隔近五十余年,原因何在?

从历史角度简单说,安茶酣睡的几十年,似乎也有规律:抗战壮烈了,内战牺牲了,计划经济遗忘了，一觉醒来，改革开放，安茶从此死而复生，东山再起。然而，形成五十余年真空，毕竟不是短时间，其中必定另有情由，分析看可能有以下原因。

一、动荡时局影响。有关安茶的中断时间，通常说法是受抗战爆发影响，然导致其长期停产的原因，似乎还有其他因素。如1938年祁门红茶仍运往香港，交由驻港的富华贸易公现外售，安茶为何不能外运？再如祁门最后一批安茶外运至港，时间为1946年2月，其时也是动荡岁月，运路似乎畅通？据此分析，抗战战火纷飞，运销线路时断时续，致使外销受阻，首先打乱了其数百年来井然的生产秩序，安茶大伤元气，至1941年太平洋战争爆发，香港沦陷，才是造成其停产最直接外因。抗战胜利后，国内战争连绵，时局不稳，民不聊生，生活无序，也是造成安茶难以复产间接原因。

二、祁红茶品冲击。首先是原料冲击。祁红问世后，因品质优异，声誉鹊起，在欧美市场大受欢迎，销量很大，由此势必造成与安茶争夺原料。其次是资金冲击。由于祁红创汇多，国民政府尤为重视，银行钱庄竞相贷款，资金来源充足。而安茶无此优势，资金全靠自筹，两两相较，茶商择优事茶，安茶岂不败北。再次是价格冲击。网查史料得知，1946年甲级红茶国内售价每担15万元，而程世瑞在香港卖安茶价格为每担240美元，二者价差虽不一定可信，然祁红价格高于安茶，即完全可能。还需要指出的是，即使在二十世纪三十年代，祁红产销达到高峰时期，安茶仍顽强生存着，产量维持在千担上下。由此可见，祁红冲击，虽客观上造成安茶衰落，但并未致其灭绝。

三、安茶自身短板。一是受市场限制。安茶虽在广东、港澳台和东南亚畅销，但销区不算大，相比于畅销欧美的祁红市场，可谓小巫见大巫，其产量少的年份500担左右，多的年份不过2000多担，可谓市场空间不大，发展余地小。二是受生产经营周期限制。安茶制成，当年并不饮用，假如不能及时外售，而在家中存放3年或更多时间再售，势必造成资金大量沉淀，周转缓慢，此为做生意之大忌。相反，祁红制作周期短，运销快，其优势正是安茶弱处，两相比较，安茶相形见绌，原营安茶的商家，改弦易辙，转营祁红，这也是市场经济规律，无法逆转。

四、国家体制原因。新中国建立，实行计划经济体制，尤其茶叶统购统销，私商不再经营。恰此时，祁红创汇，国家重视，势不可挡，年年下达生产计划。而安茶属于小众茶，外销市场小，创汇能力弱，生产计划当然无从谈起。总之，体制禁锢，某种程度上导致安茶在新中国成立后仍继续中断几十年。唯有改革开放，安茶才得以重获新生，再次风生水起。

后记

孙义顺安茶形象店开业典礼

首先，感谢读者先生的你，在百忙中拨冗翻阅此书。作者写书，是给读者看的，没有读者，就没有作者，读者是作者的衣食父母。我们作为作者，调动积累，深入调研，费半年工夫，写就这本安茶书，现在你看了，哪怕是粗略一翻，批评也好，表扬也罢，哪怕无语，都是对我们的支持和鼓励，之所以，感谢你，真心的。

其次，感谢安茶人，几百年心血，酿就今日不凡安茶，虽暂属小众，鲜为人知，然于茶类中不失娇贵。我们坚信，其前景必为黑马，横空出世。基于此，自信是我们写作的源泉和动力，之所以，说声致谢，真切的。

再次，感谢喜欢安茶的人。烟、酒、茶，兴许是部分人生命旅途中不可或缺的三宝，播种于口腔，扎根于肺腑，绽放于情感，结出多种果实。归纳说：烟生交情友情，酒生激情豪情，对人生，无疑有用，然不一定长久，兴许转瞬即逝。唯独茶，生就真情深情，不但久长，且植入骨髓，一旦产生，就挥之不去。安茶正是这种茶，源自古代，出自深山，不炽烈，没名望，小众低调，甚至有点冷血，无声无息睡三年，历炼为陈茶。然偏被人爱上，品饮鉴赏，乃至收藏，粉丝日众。有品味人不一定都爱茶，然爱安茶者一定有品味。为此，作为我们，侍奉安茶的人，十分高兴，在此致谢，真情的。

作者郑建新(右一)、刘平(右二)与孙义顺安茶传承人汪镇响（左一)、著名文化学者施正东(左二)合影留念

还要感谢南京著名文化人施正东先生。其爱

好广泛，美术古玩宗教音乐美食等无不涉及，尤其于茶，钻研幽深。他与安茶结缘虽不久，然骨子里澎湃的文化热血，初见安茶便慧眼识宝，一见钟情，欲罢不能，不惜鞍马劳顿，不怕攀山越岭，多次来安茶故乡，品茶问茶说茶，且卯足劲大张旗鼓宣传安茶，疯狂推介叫卖。其爱茶澄澈之心，无暇如镜，纯净如水；其献身茶文化之情，虔诚谦恭，无私无畏，令我敬佩不已。同时，他力促我等撰写安茶之书，且积极支招献策。今天此书面世，且是所谓安茶第一部专著，饮水思源，感谢他，真诚的。

还要感谢中国茶叶博物馆的建荣馆长，其年轻有为，学识渊博，且是茶界大家专家。我们央其做序，他二话不说，满口应允，于百忙中捉笔，潇洒行文，给很高评价，令我等汗颜。同时鼓励鞭策，助我们自信。感谢他，真挚的。

此书缺点肯定也多，希望有人指出，以便我们提高。

不多说了，再次向所有关爱和帮助安茶的人，致以我们深深的鞠躬。

郑建新　刘平

甲午年冬至日

合肥品鉴会

北京彼岸书店品鉴会

北京碧露轩品鉴会

上海品鉴会

南京品鉴会

中国国家画院国画院副院长访孙义顺安茶

中国国家画院院长杨晓阳访孙义顺安茶

中国茶叶股份有限公司董事长朱福堂访孙义顺安茶

茶人赵英立访芦溪

原国家质监局副局长刘平均访孙义顺

安茶小百科

安茶是一种后发酵的紧压茶。它介于红茶和绿茶之间。安茶为历史名茶,属黑茶类。创制于明末清初，产于祁门县西南芦溪、溶口一带；抗战期间停产,20 世纪 80 年代恢复生产。成品色泽乌黑,汤浓微红,味香而涩。内销两广香港,外销东南亚诸国,被誉为“圣茶”。安茶，有投资收藏价值，安茶越陈越好,药用价值就越高,在东南亚收藏市场非常受欢迎。

作者简介

郑建新，祁门县人。

出身于茶业世家，种过茶，做过茶，管过茶，以从政时间为长，先后在祁门县政府、休宁县委、政协、黄山市政协等单位任职。

上世纪八十年代初始致力徽州文化研究，主攻徽州茶文化，现为祁门红茶协会顾问，安徽省作家协会、摄影家协会会员、中国国际茶文化研究会徽州茶文化研究中心秘书长。

出版有《徽州古茶事》(辽宁人民出版社)、《祁门红茶》、《太平猴魁》、《松萝茶》(上海文化出版社)、《黄山毛峰》、《徽州茶》(轻工业出版社)、《江南问茶》等著作，参与《徽商大典》、《徽州文化辞典》等编写，发表论文及文学作品近百篇，其中部分作品获全国征文奖。

刘平

收藏爱好者：黄山新界文化传播公司董事长

淮北汉画像研究会会长

淮北市石文化研究会主席

中国国际茶文化研究会徽州茶文化研究中心副会长

多年来，注重收藏汉画像石、汉陶及国内观赏石、书画等等

寻找回来的
安茶